Erfolgreich schreiben im Beruf

Armin Jäger

Erfolgreich schreiben im Beruf

Umschlaggestaltung: Peter Lohse, Büttelborn

Für Doris

Die Deutsche Nationalbibliothek verzeichnet diese Publikation
in der Deutschen Nationalbibliografie;
detaillierte bibliografische Daten sind im Internet über
http://dnb.d-nb.de abrufbar.

Die Herausgabe dieses Werkes wurde durch die Vereinsmitglieder
der WBG ermöglicht.
Redaktion: Mechthilde Vahsen, Düsseldorf
Layout, Satz und Prepress: schreiberVIS, Seeheim
in Zusammenarbeit mit Elke Göpfert, Mörlenbach-Weiher
Gedruckt auf säurefreiem und alterungsbeständigem Papier
Printed in Germany

Besuchen Sie uns im Internet: www.wbg-darmstadt.de

ISBN 978-3-534-19009-6

Inhalt

1. Schreiben im Berufsleben: Worauf es heute ankommt

Texte bewirken viel im Arbeits- und Geschäftsleben: Sie können Kunden überzeugen oder vertreiben, Mitarbeiter motivieren oder lähmen, Projekte vorantreiben oder bremsen – je nachdem, wie sie geschrieben sind. Die Angelsachsen haben für diese Art von Schreiben einen passenden Begriff geprägt: *Business Writing*. Amerikanische und englische Universitäten bieten es längst als Grundtraining für viele Studiengänge an. In Deutschland herrscht jedoch die Einstellung, das Rüstzeug aus der Schule müsse genügen, um allen Anforderungen des beruflichen Schreibens dauerhaft gewachsen zu sein.

Welche Folgen diese Einstellung hat, finden Sie wahrscheinlich in Ihrem E-Mail-Eingangskorb. Lesen Sie die letzten E-Mails: Bei wie vielen Mails verstehen Sie sofort, was gemeint ist? Bei wie vielen Mails haben Sie hinterher Lust zu reagieren? Und wie viele Mails ärgern Sie, weil diese unzutreffend, unhöflich, unbedacht oder viel zu lang sind? Als Leser spüren wir die Defizite von beruflichen Gebrauchstexten meist schnell und deutlich, als Schreiber hingegen sehen die meisten keinen Lernbedarf.

Dabei gibt es viel zu gewinnen, wenn Sie Ihre Business-Schreibfertigkeiten entwickeln:

- Ihre Texte werden gelesen. Angesichts der täglichen Textflut ist das längst keine Selbstverständlichkeit mehr.
- Sie beflügeln die Kommunikation mit Ihren Kunden, Mitarbeitern und Netzwerkpartnern. Sie erhalten schneller eine Reaktion. Die Zusammenarbeit gewinnt an Konzentration, Energie und Tempo.
- Sie reduzieren Missverständnisse, Rückfragen und „Klärungsschleifen“ – und gewinnen an Zeit und Freiraum.
- Sie schreiben Ihre Texte souverän und weitgehend stressfrei. Denn Sie wissen, wie Sie auch schwierige Situationen im Text meistern.
- Sie schreiben immer besser. Die Grundprinzipien des Business Writing, einmal verinnerlicht, schulen ständig Ihr Gespür für gute Texte. Allmählich finden Sie eigene Lösungen und einen ansprechenden, persönlichen Stil.

In dem Begriff Business Writing stecken zwei Aspekte, die keine deutsche Übersetzung eindeutig trifft. Zum einen schreiben Sie wirtschaftlich und verhandeln damit Geschäftliches. Wirtschaftlich ist Ihr Schreiben, weil es eingebunden ist in Aufwand-Nutzen-Berechnungen. Jeder Text kostet Arbeitszeit und Kraft, deshalb zwingt er zu Fragen wie: Wie viel Zeit will ich in den Text investieren? Wie viel Zeit wird mein Empfänger ins Lesen investieren? Was erreicht mein Text im Verhältnis zum Aufwand?

Der andere Aspekt des Business Writing ist ein sozialer: Jeder Text erreicht Menschen, mit denen Sie „Business machen", also irgendeinen Sachverhalt oder ein Geschäft verhandeln. Mit jedem Text gehen Sie mit Menschen um, die selten die gleichen Interessen und Probleme haben wie Sie. Jeder Text gestaltet die Arbeitsbeziehung zu Ihren Mitarbeitern, Vorgesetzten, Kunden und Partnern.

Diese beiden Aspekte – die Wirtschaftlichkeit und das Gestalten von Arbeitsbeziehungen – machen die Besonderheit des beruflichen Schreibens aus. Daraus ergeben sich völlig andere Prinzipien und Strategien, als zum Beispiel diejenigen, die Sie im wissenschaftlich-akademischen Schreiben verwenden.

Beginnen wir also mit der Frage: Worauf kommt es im beruflichen Schreiben grundsätzlich an?

1.1 Respekt

Gleich vorab: Respekt beim Schreiben hat nichts mit Unterwürfigkeit oder Demutsfloskeln zu tun. Gemeint ist etwas viel Fundamentaleres: Das Wort *Respekt* stammt vom lateinischen Verb *re-spicere* und bedeutet zurückschauen oder Rücksicht nehmen. Aufs Schreiben übertragen heißt das: sich ständig umdrehen, seinen künftigen Leser anschauen und ihn fragen: „Alles in Ordnung? Kannst du mir folgen? Was könntest du mir jetzt erwidern?"

Respektvoll schreiben heißt, zwei Perspektiven zu berücksichtigen. Die eine Perspektive ist uns vertraut: Aus ihr stammen unsere Argumente, unsere Ideen, unsere Absichten als Schreiber. Doch die Kunst besteht darin, auch die Perspektive des Lesers einzunehmen, unser Anliegen von außen zu betrachten und es für den Leser so rücksichtsvoll wie möglich aufzubereiten. Nicht ich, der Schreiber, stehe im Mittelpunkt, sondern ich schaffe einen Raum für den Leser und mich, damit wir uns weiter austauschen können.

Zu theoretisch? Hier ein paar Zeilen, denen es an Respekt fehlt:

> Ein unwiderstehliches Angebot für Sie!
>
> Sehr geehrter Herr Rebstock,
>
> als Leiter des Bereichs Vertrieb des Autohauses Zerbst darf ich mir erlauben, eine sehr persönliche Einladung auszusprechen.
>
> Viele Autofahrer kennen noch nicht die Vorzüge der neuen Familienlimousine Jazzy. Da ich der Meinung bin, dass Sie dieses Auto einmal einem kostenlosen Test unterziehen sollten.

Fühlen Sie sich durch diese Zeilen angesprochen? Wahrscheinlich nicht so sehr wie durch diese:

> Lust auf einen Sonntagsausflug mit Chauffeur?
>
> Sehr geehrter Herr Rebstock,
>
> jeden Sonntag wartet etwas Schönes auf Sie: Wenn Sie uns anrufen, fährt unser Mitarbeiter bei Ihnen vor und öffnet Ihnen die Wagentüren: Willkommen in unserer neuen Familienlimousine Jazzy!
>
> Wohin darf es gehen? Oder wollen Sie gleich selbst ans Steuer?

Im ersten Brief denkt der Schreiber nur an sein Anliegen. Im zweiten nimmt der Schreiber Rücksicht auf den Leser und bereitet sein Anliegen anders auf.

Texte, die keine Rücksicht auf den Leser nehmen, haben im Arbeitsleben nur geringe Chancen, auch dann, wenn der Schreiber über Macht verfügt. Ein Vorgesetzter, der seine Mitarbeiter ohne Rücksicht zutextet, vergrault sie und tötet ihre Motivation. Ein Experte, der sein Wissen veröffentlicht, konkurriert schon morgen mit anderen Experten, die ihr Wissen vielleicht besser mit den Interessen ihres Publikums verknüpfen.

Wissens- und Qualitätsvorsprünge nivellieren sich in einer Informationsgesellschaft sehr schnell. Der Faktor Respekt lässt sich jedoch nicht so leicht kopieren, denn er ist immer individuell ausgeprägt; er bleibt Alleinstellungsmerkmal. Das gilt für die persönliche Laufbahn genauso wie für ganze Unternehmen.

Wer schreibt, betritt ein wunderbares Übungsfeld für Respekt. In aller Ruhe und Konzentration kann man sich in diese zwei Perspektiven hineindenken: Was brauche ich? Und was braucht mein Kunde, Mitarbeiter, Geschäftspartner, damit er mir folgen kann? Für das respektvolle Schreiben gibt es zahlreiche Techniken, die Sie noch kennen lernen werden. Doch bei allem handwerklichen Können gilt: Respekt ist eine Frage der Einstellung. Die Bereitschaft, beim Schreiben Respekt zu üben, ist die Grundlage für erfolgreiche Texte.

1.2 Klare Handlung

Ausgedient haben Hauptwort-Konstrukte, die das Handeln vernebeln. Ausgedient hat auch der Passiv-Stil, der sich liest, als gäbe es auf diesem Planeten keine Menschen mehr. In der heutigen Arbeitswelt schätzen die Leser klare, auf Handlung ausgerichtete Sätze und eine persönliche Ansprache. Sie lesen also nicht mehr gern von Ihnen:

> Dies ist eine Aufforderung zur Einreichung der Zahlungsermächtigung, um die Wiederinkraftsetzung des Vertrages durchzuführen.

Sondern lieber:

> Wir wissen, wie leicht man etwas vergessen kann. Unser Vordruck macht Ihnen die Zahlung einfach: ausfüllen, faxen – und sofort sind Sie wieder durch Ihren Vertrag geschützt.

Für diese Entwicklung gibt es gute Gründe:

- **Sie nennen die beteiligten Personen.** Weder der Schreiber noch der Angeschriebene können sich verstecken. Sie schreiben dadurch im wahrsten Sinne des Wortes verantwortlich: Stets ist klar, wer wem eine Antwort schuldet.
- **Sie gestalten die Beziehung zum Leser.** Wer andere direkt anspricht, muss zwangsläufig persönlich werden und sich fragen: Wie verhalte ich mich nun? Zeige ich großzügig Verständnis, wie in dem zweiten Textbeispiel? Oder äußere ich meinen Unmut? Oder belehre ich kühl? Die Beziehungsebene birgt stets Risiken, deshalb versteckt man sich ja so gerne hinter dem Bürokratiestil. Nur: Der Bürokratiestil kommt garantiert immer schlecht beim Leser an. Schließlich schreiben wir stets von Mensch zu Mensch und dabei entsteht eine Beziehung. Also warum nicht gleich diese Beziehung achten und gestalten?
- **Sie aktivieren Ihre Leser.** Wer die Handlung im Text sofort versteht, der hat auch mehr Lust, sofort zu reagieren.

Die Forderung, Texte auf klares Handeln auszurichten, ist nicht neu. Doch jetzt erreicht sie endlich die Büros und sogar die Kanzleien und Behörden, denn: Wer schneller, dynamischer und verantwortlicher arbeiten muss, kommt mit dem alten Bürokratiestil viel zu langsam ans Ziel.

1.3 Verständlichkeit

Stellen Sie sich vor: Jubiläumsfeier Ihrer Firma, Sektempfang in der Hotellobby. Sie sind noch neu, Ihre unmittelbaren Kollegen noch nicht da, niemand kennt Sie. Schließlich gesellen Sie sich zu drei Männern, weil an deren Stehtisch noch Platz ist. Sie lauschen aufmerksam, doch Sie können nicht verstehen, um was es geht. Die drei scheinen eine Art Geheimsprache zu sprechen. Sie fühlen sich frustriert, fehl am Platz und suchen bereits nach Fluchtwegen. Doch dann wendet sich einer der drei an Sie:

> „Entschuldigen Sie. Wir von der Technik sprechen manchmal etwas eigenartig: Dieses MMS steht für Minimized Manufacturing System.
>
> Wir arbeiten gerade daran, unsere Produktion in lauter kleine Einheiten zu zerlegen. Die meisten Bauteile könnten wir nämlich nur mit einem Computer, mit pulverisierten Kunststoffen und einer Art 3-D-Drucker fertigen."

Sie nicken und rücken näher.

> „Wenn uns das gelingt, brauchen wir keine großen Werkhallen mehr. Ein paar Dutzend Garagen würden genügen, die überall in der Welt stehen könnten. Der Produktionsablauf wäre entzerrt und deshalb weniger störungsanfällig, denn jede Garage arbeitet unabhängig bis zur Endmontage. Und was Sie als Controller sicher gerne hören: Die Instandhaltungskosten wären kaum höher als bei unserem Kaffeeautomaten!"

Auch ohne das Kostenversprechen sind Sie diesem Mann dankbar, denn er hat Ihnen eine Brücke gebaut. Jetzt ist der Weg frei für einen ergiebigen Austausch zwischen Technikern und Controllern.

Es gab Zeiten, da war eine exklusive Ausdrucksweise das Markenzeichen für bestimmte Berufsgruppen und Stände. Wer nicht so sprach und schrieb, wurde nicht ernst genommen.

Doch heute kann sich niemand mehr einen ausgrenzenden Jargon leisten. Warum?

- In Unternehmen rücken Mitarbeiter näher zusammen: Hierarchien verflachen, Teams müssen unterschiedliche Professionen und Disziplinen integrieren. Zuständigkeiten werden ständig neu verhandelt. Dies geschieht zum Teil wegen des Kostendrucks, oft aber auch ohne Not. Man will aus unterschiedlichen Wissensquellen Synergien und letztlich Innovationen schaffen. Dafür braucht es eine gemeinsame Sprache. Und die müssen alle verstehen.
- Unternehmen arbeiten zunehmend mit internationaler Besetzung. Meist einigt man sich dabei auf eine gemeinsame Arbeitssprache. Doch ob nun auf Deutsch oder Englisch geschrieben wird: Stets muss ich davon ausgehen, dass mein Empfänger diese Sprache viel schlechter – oder viel besser – versteht als ich. Ein ausgrenzender Fachjargon wäre in so einem Umfeld kontraproduktiv.
- Ob es gefällt oder nicht: In einer Wissensökonomie ist Wissen eine Ware. Welche Theorie oder Technologie sich durchsetzt, darüber entscheiden nicht immer die harten Fakten, denn die sind oft nur einer Minderheit verständlich. Das Rennen macht häufig eine gewisse Freundlichkeit in der Darbietung, die so viele Menschen wie möglich integriert.

1.4 Dichte

Im Geschäfts- und Arbeitsleben gilt: Etwas Geschriebenes ist bestenfalls erträglich, ein *Gedicht* jedoch jagt dem Leser Leben ins Hirn. Was ist ein Gedicht im Business Writing? Es ist ein Text, der maximale Energie auf geringstem Platz erzeugt. Erfahren Sie es selbst: Der linke Text ist Geschreibsel, der rechte ein Gedicht.

> Die Vielzahl von Qualifikationen, das umfangreiche Know-how und das beispiellose Engagement unserer etwas mehr als 350 Mitarbeiter haben dazu geführt, dass Solia bereits zwei Jahre nach seiner Gründung zu einem der weltweit führenden Anbieter im Bereich der regenerativen Energien geworden ist. Für die Mitarbeiter von Solia ist klar ersichtlich, dass die umweltgerechte und somit nachhaltig gesicherte Zukunft schon heute mit intelligenten Systemen beginnt, die jene Energie nutzbar machen, die im Grunde endlos ist.

> Solia – das sind über 350 Menschen und ein Ziel: Ihnen die immense Energie der Sonne zu liefern, immer effizienter, immer klüger, immer wieder.
> Nach zwei Jahren auf dem Markt gehören unsere Solarsysteme zu den besten der Welt.

Für das linke Beispiel braucht der Leser mindestens doppelt so viel Zeit wie für das rechte. Aber bekommt der Leser im rechten Beispiel so viel weniger Information vermittelt?

Deutsche Stilfibeln zitieren gerne Goethe, wenn es um Dichte geht: Er soll sich einmal dafür entschuldigt haben, dass sein Brief so lang geraten sei – für einen kürzeren hätte er keine Zeit gehabt. Darin stecken zwei Erkenntnisse:

- Dichten macht mehr Arbeit als Schreiben.
- Es ist unhöflich, seinen Mitmenschen ausufernde Texte zuzumuten.

Was bereits zu Goethes Zeiten galt, ist heute absolutes Gebot: Wie viel Zeit verschlingt eine lange E-Mail an hundert Leute, ein aufgeblähter Geschäftsbericht auf zehn Schreibtischen? Wie viel Kopfweh, Ermüdung und Abstumpfung verursachen unwesentliche Texte? Wer zu faul ist, den Kern seiner Aussage klar zu formulieren, kann nicht erwarten, dass irgendetwas auf seine Worte hin geschieht.

Wenn Sie Dichte anstreben, müssen Sie einen Text oft mehrmals überarbeiten, bis er sitzt. Doch es lohnt sich direkt mehrfach. Oft dringt man erst beim Überarbeiten zu dem vor, was man eigentlich schreiben wollte. Und Ihre Leser atmen auf und denken sich: Endlich einmal etwas Frisches und Klares!

Damit haben Sie in diesem ersten Teil die vier wichtigsten Prinzipien des Business Writing kennen gelernt: Respekt, klare Handlung, Verständlichkeit und Dichte. Alles, was Sie in diesem Buch erfahren, zielt darauf ab, diese Prinzipien umzusetzen. Sie brauchen nicht jedes einzeln umzusetzen, denn sie wirken Hand in Hand: Wenn Sie an der Verständlichkeit arbeiten, wird Ihr Text auch dichter; wenn Sie auf klare Handlung achten, ebenfalls. Und jedes Mal, wenn Sie Ihren Text überarbeiten, üben Sie sich in Respekt – weil Sie unweigerlich genauer hinsehen, was zwischen Ihnen und dem Leser passiert.

Wenn Sie Ihre Schreibpraxis nach diesen vier Prinzipien ausrichten wollen, begleitet Sie dieses Buch dabei:

Kapitel 2 untersucht, was beim Schreiben passiert, und zeigt, wie Sie mit hinderlichen Einstellungen und Emotionen umgehen.

Kapitel 3 liefert das Werkzeug, mit dem Sie Ihre Texte planen, schreiben und überarbeiten.

Kapitel 4 bietet Ihnen einen Schreibknigge für den Umgang mit dem Leser.

Kapitel 5 bereitet Sie auf den Schriftverkehr mit Lesern aus anderen Kulturen vor.

Kapitel 6 zeigt, wie Sie Ihre Texte auf den beiden Medien Papier und Bildschirm ansprechend präsentieren.

Kapitel 7 gibt Tipps, wie Sie die tägliche Schreibarbeit effektiv organisieren.

2. Der Umgang mit sich selbst beim Schreiben

Schreiben fordert unser Selbstbewusstsein heraus, also das, was wir über uns, das Thema und über andere zu wissen glauben. Je nachdem, wie wir uns dieser Herausforderung stellen, geht unser Selbstbewusstsein gestärkt oder geschwächt daraus hervor. Auch bei einem relativ anspruchslosen Text gilt: Stets steht für uns etwas auf dem Spiel.

Kaum jemand hat in der Schule das Glück gehabt zu erfahren, wie man beim Schreiben am besten mit sich umgeht. Leicht konnten sich Einstellungen herausbilden, die übermäßig Angst machen vor jedem neuen Text. Unseren Deutschlehrern möge man es nachsehen: Erstens ist erst seit den 1990ern genug über den Prozess des Schreibens bekannt, um ihn kreativ und systematisch zu lehren. Zweitens gäbe es für eine produktive Schreiberziehung mehr zu reformieren als nur den Lehrplan im Fach Deutsch. Und drittens haben sich die Anforderungen an gute Texte in nur wenigen Jahren gewaltig geändert. Einst war es das Wichtigste, bestimmte formale Kriterien zu erfüllen: nach vorgegebenem Muster gliedern, Rechtschreibfehler vermeiden und korrekt zitieren. Doch das genügt heute nicht mehr, wenn Sie freiwillig und gern gelesen werden wollen.

Also müssen wir uns selbst helfen und lernen, wie das Schreiben am besten funktioniert. Die gute Nachricht dabei: Ausnahmslos jeder, der das Schreiben neu begreifen lernt, erlebt diesen Prozess als Befreiung.

2.1 Unproduktive Glaubenssätze

Wann entsteht der größte Frust beim Schreiben? Wenn wir mit völlig unrealistischen Ansprüchen ans Werk gehen und uns als Scheiternde empfinden, wenn es nicht gleich so läuft wie angenommen. In vielen Köpfen geistern Glaubenssätze, „wie das Schreiben gefälligst zu sein hat“. Die schädlichsten sind:

- „Mein Text muss auf Anhieb gelingen.“
- „Mein Schreiben muss perfekt sein.“
- „Mein Text muss superkreativ sein.“
- „Ich war schon immer schlecht mit Schreibarbeit.“

Diese Glaubenssätze verlieren schnell an Macht, sobald Sie wissen, was sie anrichten und warum sie nicht stimmen.

„Mein Text muss auf Anhieb gelingen."

Mit diesem Glauben überfordern wir uns so stark, dass wir mit dem Schreiben gar nicht erst beginnen. Das wiederum erhöht den Druck noch mehr, denn die Zeit verstreicht tatenlos bis kurz vor dem Abgabetermin. Dann schreiben wir in aller Eile etwas und sind peinlich berührt vom Ergebnis. Das Selbstbewusstsein sinkt wieder etwas tiefer. Die Angst vor der nächsten Herausforderung steigt ...

Dieses Verhaltensmuster sitzt tief. Wer hat es eingepflanzt? Zum einen unsere Schulerziehung: Da ging es vor allem darum, innerhalb von 90 Minuten ein Thema zu bearbeiten und ein paar Seiten möglichst fehlerfrei vollzuschreiben. Dann hieß es: abgeben! Zum anderen nähren die Mythen von rasenden Reportern und genialen Schriftstellern den Glauben, gut schreiben könne nur derjenige, der sofort druckreif schreibt.

Wer sich mit diesem Glauben ans Werk macht, wird daran verzweifeln. Produktiver sind diese Einsichten:

- Das Schreiben ist nicht zu Ende, wenn die Seiten voll sind. Niemand ruft mehr: abgeben!
- Eine schlechte Seite ist tausendmal besser als keine Seite, denn schlechte Seiten kann man in gute verwandeln.
- Wenn die Angst vor schlechten Seiten verschwindet, wird der Text meistens überraschend gut.
- Niemand schreibt von Anfang an druckreif. Klar: Es gibt Momente, da landet alles perfekt auf dem Papier. Aber diese Momente sind immer das Ergebnis von langer Vorarbeit. Sie werden jedem Schreiber nur ab und zu geschenkt.
- Profis können einschätzen, wie viel Druck oder wie viel Muße sie für einen bestimmten Text brauchen. Zeitdruck kann sich durchaus produktiv einsetzen lassen. Grundsätzlich gilt jedoch: Je weniger ich über den zu schreibenden Text weiß, desto zeitiger taste ich mich an ihn heran.

„Mein Schreiben muss perfekt sein."

Ein diffuser Anspruch an Perfektion lässt uns stocken, während wir vor dem weißen Blatt sitzen. Wir erlauben uns nicht, das Thema erst einmal zu beschnuppern, hier und da etwas zu kritzeln, mit Ideen herumzuspielen. Wir erlauben uns nicht, schnell und schlecht einfach etwas aufs Papier zu schreiben. Wir denken, dass die richtigen Formulierungen irgendwo außerhalb von uns liegen und warten darauf, dass sie uns einfallen. Die innere Stimme jedoch, die schon die ganze Zeit etwas erzählt, überhören wir dabei. Hier helfen diese Einsichten:

- Jeder Text braucht eine Schonzeit, in der alles aufs Papier kommen darf, was einem einfällt. Das Ergebnis dieser Schonzeit ist der Rohtext. Und der ist, wie der Name schon sagt, roh. Das heißt: verwundbar, frisch, wild, ungeordnet und bisweilen schlecht geschrieben.

- Perfekt darf ein Text schon sein, doch das Perfektionieren kommt erst später, wenn die Substanz stark genug ist. Dann erst ist es sinnvoll, den Text so lange zu überarbeiten, bis er den eigenen Ansprüchen genügt.
- Das nachträgliche Überarbeiten ist ein Arbeitsschritt, den alle Profis einplanen.

„Mein Text muss superkreativ sein."

Der Glaube, ständig außergewöhnlich sein zu müssen, kann gehörig blockieren, gerade bei kreativeren Schreibprojekten wie Werbeanschreiben oder PR-Texten. Besser ist es, das Bedürfnis nach Außergewöhnlichkeit beiseite zu fegen und sich anspruchslos, fast unbedarft an sein Projekt heranzuschleichen. Warum?

- Wer mit dem Schreiben wartet, bis der große Einfall kommt, wartet zu lange. Kleine Ahnungen, winzige Ideen genügen bereits, um sich ans Werk zu machen.
- Was man anfänglich für einen großen Einfall gehalten hat, stellt sich später oft als peinlich heraus. Die wirklich tollen Ideen kommen meistens erst beim Schreiben oder Überarbeiten.
- Was einen selbst am eigenen Text begeistert und was die Leser später erfreut, kann sehr voneinander abweichen. Die Reaktion auf Außergewöhnliches lässt sich schwer vorab berechnen.
- Im Berufs- und Geschäftsleben findet alles Schreiben in einem sozialen Kontext statt. Es gibt gewisse Übereinkünfte und Konventionen, in denen wir uns schreibend verhalten. Den Leser zu respektieren ist viel wichtiger, als ständig die eigene Kreativität zu beweisen.
- Wie viele außergewöhnliche, originelle, unterhaltsame oder kunstvolle Werbebriefe gibt es, die trotzdem nichts verkaufen. Kreativität im Arbeitsleben zielt auf eine neue, wirksame Lösung für ein Problem und nicht auf Selbstdarstellung.
- Außergewöhnliche Elemente in einem Text wirken nur, wenn sie richtig dosiert sind. Es stimmt: Gerne will der Leser erfrischt und unterhalten werden, aber er braucht auch das Vertraute. Wie stark das Außergewöhnliche vertreten sein soll, diktieren die Textsorte und ihr Zweck. Weniger ist dabei meistens mehr.

„Ich war schon immer schlecht mit Schreibarbeit."

Dieser Glauben ist das Resultat von entmutigender Erziehung und Faulheit. Die meisten, die sich mit diesem Argument entschuldigen, wollen gar nicht wissen, dass ein guter Text viel Arbeit macht.

Zugegeben, es gibt Menschen, die schon immer eine 1 in Deutsch hatten. Zugegeben, es gibt Menschen, die beginnen mit mehr Talent als andere. Aber:

- Alle haben sich ihr Handwerk erarbeitet. Ausnahmslos alle schreiben besser, wenn sie sich eine Weile bewusst damit beschäftigen und dauerhaft üben.
- Mit ein wenig Methodenwissen und Übung geht es plötzlich besser und man kommt überraschend gut voran.

2.2 Die Polarität des Schreibens

Einerseits ist Schreiben eine Technik, mit der wir unser Zusammenleben gestalten. Deshalb ist es mit 100 000 Regeln behaftet, wie Rechtschreibung, Grammatik, Briefstandards, und mit allem, was die gängige Moral vorschreibt.

Andererseits ist das geschriebene Wort etwas, das direkt und nachhaltig auf die Sinne wirkt. Wir erleben dies in Gedichten, Liedern, Romanen und Theaterstücken. Aber auch ein beruflicher Gebrauchstext entfaltet eine gewisse Sinnlichkeit und Ästhetik, weil Worte nun mal Bilder und Empfindungen auslösen.

Diese zwei Aspekte – der soziale und der sinnliche – stellen beim Schreiben widersprüchliche Anforderungen:

- Einerseits muss ich 100 000 Regeln und Vorschriften beachten, wie ich schreiben soll. Andererseits brauche ich ein gehöriges Maß an Freiheit, wenn ich etwas Neues erschaffen will.
- Einerseits höre ich in mir ständig meine Vorgesetzten, meine Zielgruppe, meine Kunden oder Kollegen – und mein Text soll eine Antwort auf diese Stimmen sein. Andererseits helfen mir diese Stimmen nicht weiter, wenn ich selbst eine neue, überzeugende Perspektive zum Thema finden muss.
- Einerseits bin ich an Konventionen gebunden, zum Beispiel wie ein Geschäftsbrief aussehen soll. Andererseits weiß ich, dass erfüllte Konventionen oft nur langweilen.
- Einerseits haben Worte als Klangwesen ein Eigenleben, das unmittelbar auf unsere Sinne wirkt. Andererseits arbeiten alle Worte als Bedeutungsträger. Was bei einem Wort sinnlich erlebt wird und was es bedeutet, kann weit auseinanderklaffen. Es gibt schöne Worte mit einem hässlichen Job, zum Beispiel *Bombe*. Und hässliche Worte mit einem schönen Job, zum Beispiel *Liebesbeziehung*.
- Einerseits muss ich ständig an den Text als Ganzes denken, an seine Struktur, seine Ideen-Abfolge, seinen Rhythmus, seinen Klang und seine visuelle Umsetzung. Andererseits kann ich nur linear arbeiten: Zeile für Zeile. Springen meine Ideen zu stark, gibt es Chaos. Binde ich mich aber zu eng an die lineare Arbeitsweise, bin ich hilflos, wenn die Ideen stocken.

Betrachtet man Schreiben als sinnlich erfahrbare Kunst, dann ist es von allen Kunstformen diejenige, die am stärksten mit Konventionen und Regeln befrachtet ist. Selbst der freakigste Poet kommt nicht umhin, die Regeln und Konventionen der Sprache anzuerkennen. Er kann gegen sie revoltieren, mit ihnen spielen, sie ins Absurde führen, aber er kann sie nicht einfach aufheben. Zu fest sitzen die Bedeutungen und Erkennungsmuster. Zu viel hängt in unserer Gesellschaft von einem gemeinsamen, korrekten Gebrauch der Schriftsprache ab.

Betrachtet man das Schreiben als soziale Technik, dann bietet sie andere Möglichkeiten als das Gespräch: Wir können länger und tiefer reflektieren, wir können mit unseren Gedanken experimentieren, wir können die Wirkung unserer Worte dosieren, wir können kalkuliert überraschen oder gar schockieren.

In diesem Buch geht es um das Schreiben von beruflichen Gebrauchstexten, deshalb interessiert besonders der soziale Aspekt, also die Frage: Wie können wir unsere Absichten so formulieren, dass sie der Leser mit möglichst wenig Reibungsverlusten verstehen kann? Dabei können wir den sinnlichen Aspekt nicht völlig ignorieren: Weil jeden Tag so viele Texte tagtäglich um Aufmerksamkeit ringen, wird das sinnlich Erlebbare eines Textes immer wichtiger, seien es der Klang der Schlüsselworte, der Rhythmus der Sätze oder die optische Gestaltung. Außerdem verbindet sich das Schöne mit dem Positiven: Was ästhetisch als angenehm erlebt wird, dem schreibt man gern auch gute Eigenschaften wie Freundlichkeit, Rücksichtnahme oder Lebendigkeit zu.

Doch es gibt noch einen anderen Grund, warum wir uns mit beiden Aspekten befassen müssen: Sie wirken ständig als Impulse in unserem Inneren, wenn wir schreiben. Wir wollen, dass unser Text rund, interessant und ästhetisch ansprechend wird, und wir wollen dabei die sozialen Auflagen beachten, damit wir richtig verstanden werden.

Wenn wir intuitiv mit Ideen spielen, wenn uns spontane Wortspiele einfallen oder scheinbar überflüssige Nebenideen aufblitzen, dann folgen wir dem sinnlichen Impuls.

Wenn wir einen Absatz kritisch nach seiner Logik überprüfen, eine allzu gewagte Formulierung glätten, die Bedeutung eines Wortes noch einmal im Lexikon erforschen, dann folgen wir dem sozialen Impuls.

Wenn Sie schreiben, ist es wichtig, souverän mit diesen beiden Impulsen umzugehen. Davon hängt ab, ob Ihnen das Schreiben Freude macht oder Frust bereitet, ob Sie einen Text mit wenig Aufwand produzieren oder viel fruchtlose Zeit verstreichen lassen.

Wie also können Sie die unterschiedlichen, oft widersprüchlichen Impulse beim Schreiben erkennen, zuordnen und produktiv organisieren?

Dafür bekommen Sie ein Modell: Sie können die Polarität des Schreibens als Spiel mit zwei Figuren betrachten, das in Ihrem Inneren stattfindet.

2.3 Zwei in Ihrer Brust: Der Wilde und der Chef

Ich habe die beiden widersprüchlichen Impulse beim Schreiben *der Wilde* und *der Chef* genannt. Es steht Ihnen natürlich frei, den beiden später andere Namen zu geben und selbstverständlich auch ein anderes Geschlecht. Denn es sind Ihre Leute und Sie müssen mit den beiden beim Schreiben zurechtkommen. Beide Figuren haben Fähigkeiten, die für das Schreiben unverzichtbar sind. Allerdings sind die beiden so verschieden, dass sie häufig miteinander in Streit geraten und das Schreiben blockieren. Sobald Sie jedoch die beiden besser kennen, können Sie auch produktiv mit ihnen umgehen.

Der Wilde – Ihr empfindsamer Ideengeber

Da drüben lümmelt er auf dem Sofa, er könnte auch tanzen oder vor sich hin summen. Aber er hat gerade einen bestimmten Duft aus dem offenen Fenster geschnappt und jetzt träumt er.

Wie man sieht: Disziplin ist seine Sache nicht. Er muss eigentlich ständig zur Arbeit verführt werden. Was nicht heißen soll, dass er faul ist. Er kann arbeiten wie ein Besessener, stundenlang, nächtelang. Aber nur, wenn es ihn packt.

Sein Alter ist schwer einzuschätzen. Manchmal sieht er aus wie ein kleines Kind, dann wieder wie ein grinsender Greis. Nur eines ist er mit Sicherheit nicht: erwachsen.

Wie geht der Wilde vor, hat man ihn einmal zur Arbeit verführt?

Der Wilde denkt mit den Sinnen und mit dem Herzen, er tastet sich in das Thema hinein, getrieben vom emotionalen und sinnlichen Gehalt der Dinge. Er schöpft aus Bildern, Klängen, Düften, aus Erinnerungen und Träumen. Mit etwas Übung kann man ihn zu den Orten führen, wo die Ideensuche sich besonders lohnt. Unter den Ideen, die er Ihnen liefert, werden abwegige sein, nebensächliche, brauchbare oder geniale. Für ihn besitzt jede Idee den gleichen Wert. Denn er erlebt diese Idee ja gerade, da ist nichts besser oder schlechter. Die Ideen, die Worte – sie sind einfach da, sie kommen und gehen. Wenn er so richtig im Produzieren ist, dann gehen Sie besser sanft mit ihm um, denn Kränkungen verträgt er nicht. Fährt man ihm kritisch dazwischen, will er nicht mehr weiterspielen und schmeißt alles hin.

Ohne den Wilden läuft nichts. Denn nur er kann aus dem Nichts etwas schaffen. Ohne ihn entstünde nichts Neues und schmeckte jeder Text fade. Der Wilde bringt das Leben aufs Papier und weckt die Lust aufs Lesen.

Der Wilde kann sich auch in andere Menschen hineinträumen und bekommt eine Ahnung davon, was andere empfinden könnten.

Überhaupt hat er von fast allem eine Ahnung. Er kann dies anfangs nicht so gut artikulieren. Aber er ahnt, wie der Text als Ganzes beschaffen sein soll. Er ahnt, wie die Worte klingen sollen. Er ahnt die Richtung von Ideen und Argumenten. Er wittert Zusammenhänge, Gleichklänge und Paradoxien und kann spielerisch mit all dem umgehen. Er hat ein Ohr für Rhythmus und ist auch für den Humor zuständig. Und für alle Gefühle, die ein Text hervorrufen soll.

Der Wilde ist immer etwas chaotisch. Ganz kann man nie durchschauen, warum er gerade dies macht und nicht das. Aber man kann sich auf ihn verlassen. Seine Ahnungen stellen sich am Ende meistens als brauchbar und wahr heraus.

Der Wilde lebt in der gefühlten Zeit. Er handelt prozessorientiert, also nach der Maxime: Der Weg ist das Ziel.

Wäre er jedoch ganz allein am Werk, käme trotz seiner Begabungen allzu selten etwas dabei heraus. Gut also, dass er den Chef an seiner Seite hat.

Der Chef – Ihr kenntnisreicher Organisator

Wenn er sitzt, dann aufrecht und wach. Wenn er läuft, dann zielstrebig von A nach B. Meistens wirkt er gehetzt, weil er – wie er meint – „sich ständig um alles kümmern muss".

Damit hat der Chef nicht ganz unrecht, denn er setzt die Rahmenbedingungen. Er hat den Zeitplan im Kopf. Und vor allem: Er weiß, was wiederum seine Chefs von ihm verlangen. Wer diese Chefs sind? Je nachdem: seine Leser, seine alten Deutschlehrer, der Duden, die gesamte Fachliteratur, die anderen Experten, seine Vorgesetzten, sein Professor ... Von denen lässt er sich ganz schön unter Druck setzen.

Wie alle Chefs hat er stets das Ergebnis im Kopf und will sofort strategische Schritte planen, damit man schnell, sicher und berechenbar zum Ziel gelangt. Sein Ziel bestimmt also den Weg. Er will dafür sorgen, dass alles korrekt zugeht. Auch dann, wenn er gar nicht weiß, was die momentane Situation erfordert.

Chaos, Widersprüche oder Zeiten, in denen nichts passiert erträgt er schlecht. Sein Idealbild: ein klares Ziel, ein durchdachter Plan, dann volle Aktion. Am liebsten hätte er eine Fabrik voller Genies, die pro Stunde eine festgelegte Menge von Text produzieren, mit einem Ideengehalt von 100 Prozent und einer Ausschussquote von 0 Prozent.

Aber diese Genie-Fabrikarbeiter hat er nicht, weil es sie schlicht nicht gibt. Vor allem zu Beginn des Schreibens, wenn vieles noch unklar ist, wirkt er ziemlich hilflos. Ein Zustand, den der Chef natürlich überhaupt nicht erträgt. Wenn er noch unerfahren ist, dann plappert er in einer Tour, nörgelt herum, drängt mit den Anforderungen seiner Chefs, kurz: Er kann die Stimmung ganz schön versauen.

Und immer wieder vergisst er, dass er eine Sache überhaupt nicht kann: etwas Neues erschaffen. Da beschränkt er sich besser auf eine Beraterfunktion: Er weiß, wie man gutes Deutsch schreibt; er weiß, was man zum Thema alles wissen muss. Wenn er seinen Job gut macht, wird er sein Wissen behutsam und dosiert einbringen. Wenn er seinen Job schlecht macht, wird er hemmungslos kritisieren und Panik verbreiten.

Der Chef kann nur mit Vorhandenem arbeiten. Sobald ein Text in Rohform vorliegt, beginnt seine eigentliche Arbeit: die kritische Analyse. Er kann das Geschriebene abwägen nach Schlüssigkeit und Wirkung. Er kann allzu Abwegiges herausfiltern. Er kann den Text so umstellen, dass man ihn leicht versteht.

Zugegeben, der Chef hat einen Hang zum Konventionellen – doch das ist gut so. Er kennt die Regeln. Er weiß, wie man sich gut und klug verhält. Er hält Kurs auf das Ziel. Mit zunehmender Erfahrung weiß er auch, wann ein Regelbruch geboten ist, kann dessen Risiko abschätzen und ihn – wenn auch widerwillig – zulassen.

Zum echten Humor fehlt ihm die Gabe des Verrücktseins: sich selbst und alle Anforderungen mal beiseite zu rücken, um etwas Neues entstehen zu lassen. Gut also, dass er den Wilden an seiner Seite hat.

Das Zusammenspiel zwischen dem Wilden und dem Chef

Stellt man sich diese beiden nebeneinander vor, wird sofort klar: Die Zusammenarbeit könnte schwierig werden. Zu gegensätzlich sind die Auffassungen von Planung, Arbeitsweise, Qualität und Erfolg. Doch wenn Sie einen guten Text schreiben wollen, müssen Sie dafür sorgen, dass Ihr Wilder und Ihr Chef gut zusammenspielen.

Gleich vorab: Dies ist eine schwierige Aufgabe. Sie werden auch nach langer Schreibpraxis immer wieder neue Erfahrungen machen, wie der Wilde und der Chef miteinander ringen.

Aber mit zunehmender Erfahrung wird der Umgang mit Ihrem Wilden und Ihrem Chef souveräner. Was heißt: Sie können besser mit sich selbst beim Schreiben umgehen – mit Ihrer Energie, Ihrer Zeit, Ihren Ideen und Ihren Gefühlen. Sie können in Krisen schneller das Richtige tun. Doch vor allem bekommen Sie mehr Durchhaltevermögen. Je souveräner Sie mit dem Wilden und dem Chef umgehen, desto häufiger erleben Sie dieses anfangs so gegensätzliche Paar als Einheit. Die beiden arbeiten dann über weite Zeiträume so perfekt zusammen, dass Sie gar nicht mehr merken, dass es einst zwei waren. Dann brauchen Sie das Modell vom Wilden und vom Chef nicht mehr. Sie haben dann alle Methoden und Kniffe verinnerlicht, wählen intuitiv die richtigen aus und kommen mit dem Schreiben gut voran.

In der Textproduktion haben der Wilde und der Chef unterschiedliche Aufgaben und zu unterschiedlichen Zeitpunkten das Sagen. In Kapitel 3 des Buches sehen wir uns den Prozess des Textens genauer an. Dann wird klar, wie Sie in jeder Phase den Wilden und den Chef am besten gewähren lassen.

Was Sie sich jetzt bereits fragen können: Wie mächtig ist Ihr Wilder? Wie mächtig ist Ihr Chef? Die beiden haben unterschiedlich hohe Anteile an Ihrer Schreibpersönlichkeit. Wenn einer von beiden übermächtig ist, müssen Sie aktiv gegensteuern. Meistens ist der Chef übermächtig. Das hat mehrere Gründe:

- Wir leben immer noch unter dem geistigen Diktat der Industrialisierung – einem äußerst Chef-dominierten System. Alles muss sich leicht planen, schnell umsetzen und sofort ökonomisch verwerten lassen. Wie jede Tätigkeit mit einem kreativen Anteil passt das Schreiben nicht in ein Umfeld, das vom reinen Effizienzdenken beherrscht ist. Trotzdem muss es sich dort behaupten.
- Unsere Schulerziehung war in den meisten Fällen Chef-dominiert. Unsere Leistungen wurden bewertet wie alle anderen Industrieprodukte auch: Fehlerfreiheit, Quantität, Anpassung an die Norm und Schnelligkeit im Output. Die wenigsten von uns haben einen produktiven Umgang mit der eigenen Kreativität gelernt.
- Zu den äußeren Faktoren gesellt sich die eigene Veranlagung hinzu. Stellt Ihr innerer Chef ständig die allerhöchsten Erwartungen an Sie, genauso wie die Welt da draußen? Oder haben Sie bereits Strategien gegen die Chef-Kultur entwickelt, als da wären: Geduld, Resistenz gegen Leistungsdruck von außen und eine Selbstliebe, die nicht an Leistung geknüpft ist?

Aufgrund dieser Bedingungen passiert es schnell, dass wir den Chef in unserem Inneren herrschen lassen und den Wilden einschüchtern und vergraulen. Beim Schreiben führt die absolute Chef-Herrschaft zu einer perfektionistischen Einstellung, die im Extremfall jeden neuen Gedanken abwürgt.

Natürlich gibt es in unserer Kultur auch eine Gegenbewegung, die den Wilden stärken will: Es kursieren Ratgeber mit Methoden für ein kreativeres Leben, Lernen und Arbeiten. Und auch die Schulen öffnen ihre Lehrpläne für kreative

Projekte. Das ist gut so. Die weniger guten Ansätze verdammen jedoch den Chef völlig und versprechen: Wenn nur der Wilde herrschen könnte, wäre alles leicht und gut. Dann allerdings würde beim Schreiben Folgendes passieren:

- Eine Zeit lang produzieren Sie jede Menge Text. Alles läuft super, Sie fühlen sich großartig. Doch irgendwann erschöpft sich der innere Vorrat und Sie haben keine Lust mehr.
- Oder alles wird zu komplex, Sie können die vielen wunderbaren Ideen nicht ordnen und verlieren ebenfalls die Lust in diesem Chaos.

Da Lust das absolute Kriterium des Wilden ist, geht es schließlich in beiden Fällen nicht mehr weiter.

Wichtig zu wissen ist: Sowohl Ihr Chef als auch Ihr Wilder sind für das Schreiben wichtig, beide haben ihren Wert. Und weil das so ist, bietet Ihnen dieses Buch Strategien, wie sie beide stärken und steuern können.

Die Verwandten vom Wilden und vom Chef

Der Wilde und der Chef liefern ein Arbeitsmodell für unsere Schreibpraxis. Natürlich ist dieses Modell beeinflusst von anderen Modellen: Wer von Freud gehört hat, erkennt darin dessen Modell der Psyche wieder, die er in ein Es, ein Über-Ich und ein Ich aufgeteilt hat. Das Es wäre in dieser Entsprechung der Wilde, das Über-Ich der Chef und das Ich wären Sie als Schreiber, der eine produktive Balance zwischen beiden anstrebt.

Eine weitere Entsprechung wäre jene Theorie, die der rechten und der linken Gehirnhemisphäre verschiedene Aufgaben zuschreibt. Die Aufgaben der rechten Hemisphäre entsprächen dann der Rolle des Wilden und die linke verrichtete die Aufgaben des Chefs. Nach dieser Theorie hätten wir zwei verschiedene Modalitäten, mit denen wir Informationen verarbeiten und produzieren. Ein Nervenstrang, das *Corpus Callosum*, verbände die beiden Gehirnhälften, so dass sie sich ständig miteinander austauschen und abgleichen können. Diese Theorie wird in vielen Kreativitätsbüchern gerne verwendet, häufig dann, wenn man die Daseinsberechtigung des Wilden belegen will.

Beide Theorien gelten mittlerweile als wissenschaftlich überholt. Jedoch ist noch nicht ganz klar, von was: Zu schnell rasen die neuesten Erkenntnisse aus der Genetik, Neurologie und Humanbiologie an uns vorbei, als dass sich bereits ein neues, handhabbares Modell von unserer Psyche konsolidieren könnte.

Mit dem Modell vom Wilden und dem Chef lässt sich gut erklären, was sich beim Schreiben im eigenen Innern abspielt und wie man darauf einwirken kann. Es ist ein Arbeitsmodell – mehr nicht.

2.4 Wenn starke Emotionen anklopfen

Auch wenn wir in beruflichen Texten Emotionen ausklammern – das Schreiben selbst ist ständig von Emotionen begleitet. Sie entstehen, während wir unseren Gedanken zuhören und sie zu Papier bringen. Wenn es angenehme sind, dann bemerken wir sie kaum und gehen völlig im Text auf. Wenn es unangenehme sind, stehen wir plötzlich neben uns, das Schreiben stockt und wir stellen den Text oder gar uns selbst in Frage. Hier finden Sie Strategien für den Umgang mit den häufigsten unangenehmen Emotionen.

Angst

Wenn uns für einen Text einen Moment lang nichts einfällt, kann das Angst auslösen. Das ist völlig normal. Mit zunehmender Schreibpraxis wächst das Vertrauen, dass diese leeren Momente nicht ewig anhalten, und wir überwinden die Angst immer leichter. Doch wenn sie gerade die Oberhand hat, geschieht in unserem Inneren Folgendes: Der Chef hat Angst, sein Gesicht zu verlieren, schließlich erfährt er gerade, wie unvollkommen er ist. Und so drischt er auf den Wilden ein, er möge jetzt sofort mit guten Ideen kommen, worauf sich der Wilde verkriecht – und dann geht nichts mehr. In diesem Fall hilft diese Strategie:

- *Schreiben Sie auf, wovor Sie eigentlich Angst haben.* So wird die Angst konkret und zerteilt sich in einzelne Befürchtungen. Wenn Ihre Selbstironie gut entwickelt ist, können Sie Ihre Horrorszenarien so übertreiben, dass Sie darüber lachen müssen. Oder Sie notieren ganz realistisch das Schlimmste, was passieren kann, sollte der geplante Text misslingen. Sind Ihre Befürchtungen erst einmal auf Papier gebannt, verlieren sie in den meisten Fällen ihre Macht.

Das Notieren der eigenen Befürchtungen entspannt den Wilden und den Chef. Ihr Chef kommt wieder zur Vernunft: Er hat nun eine Risiko-Analyse, aus der hervorgeht, dass kaum etwas zu befürchten ist. Und den Wilden haben Sie ganz nebenbei wieder ins Boot geholt, denn er schreibt ja schon recht einfallsreich Ihre Befürchtungen auf. Bestenfalls kann es dann gleich mit dem Schreiben weitergehen.

Ein weiterer potentieller Angstauslöser beim Schreiben ist das ständige, ausschließliche Angewiesensein auf die eigenen Ressourcen. Das kann, vor allem bei längeren Schreibprojekten, die eigenen Maßstäbe verzerren, verwirren und verunsichern, bis man nicht mehr weiter weiß. In diesem Fall ist der Chef völlig erschöpft und der Wilde hat sich verkrochen. In dieser Situation hilft Beistand von außen:

- *Schließen Sie mit jemandem einen Unterstützungspakt.* Das kann ein Kollege sein oder ein Freund, der ebenfalls viel schreibt. Mit ihm können Sie Unsicherheiten besprechen, sich vergewissern oder neue Lösungen finden. Langfristig und auf Gegenseitigkeit geschlossen wirkt so ein Pakt am besten.

Befürchtungen notieren und Unterstützungspakt schließen sind wirksame Strategien gegen jene Angstzustände, die jeder Schreibende irgendwann einmal erlebt.

Langeweile

Es kann schleichend heraufziehen oder plötzlich da sein: das Angeödetsein vom eigenen Text. Es kann noch mitten im Schreiben passieren oder dann, wenn die Rohfassung fertig ist. Aller Schwung, alle Begeisterung, alles Gefühl für den Text sind erloschen, stattdessen breitet sich ein immer stärkerer Widerwille aus, das Geschriebene wieder zu lesen. Auch kurze, weniger aufwändige Schreibprojekte können einen angähnen: Protokolle, Kurzberichte, Verwaltungskram. Dann beginnt das Spiel zwischen Aufschieben und schlechtem Gewissen.

Das Gefühl der Langeweile ist wie ein grauer Vorhang. Er zieht sich zu und verstellt den Blick auf das, was eigentlich los ist. Er ist die Rechtfertigung fürs Vermeiden und Aufgeben – schließlich bringt es ja nichts, ständig einen grauen Vorhang anzustarren. Der erste und entscheidende Schritt aus der Langeweile heraus ist, sich zu fragen, was sich hinter dem Vorhang verbirgt. Fast immer ist es einer dieser vier Zustände:

- **Angst**. Als Langeweile verkleidete Angst tritt meistens vor oder nach dem Schreiben des Rohtextes auf. Diese Übergangsphasen empfindet unser Chef als „Stunden der Wahrheit". Statt Angst empfinden wir ein ödes Nichts, doch die Funktion dieses Gefühls ist die gleiche: Unser Fluchtverhalten ist aktiviert. Hier empfehlen sich die gleichen Gegenstrategien wie beim Umgang mit der Angst.
- **Trägheit**. Wer sich zu nichts inspiriert fühlt, dem fehlen meistens noch Informationen, die dem Schreibprojekt Würze und Spannung geben. In diesem Fall helfen zwei Dinge: sich fragen und notieren, was man noch gerne wissen würde, und dann losziehen und die Antworten finden.
- **Erschöpfung**. Ihr Text ist fast fertig. Sie haben ihn so oft gelesen und jedes Gefühl dafür verloren. Das ist normal. Es kostet Kraft, ständig die eigenen Gedanken zu bespiegeln und Kurs zu halten. Wie kann man bis zum Ende durchhalten? Den einen hilft ein Kontrastprogramm: Tätigkeiten, die den Kopf lüften und die Sinne anregen wie Sport, Gartenarbeit oder Kochen. Den anderen hilft genau das Gegenteil: sich noch weiter ins Thema vertiefen, mit anderen darüber sprechen, sich immer wieder neue Impulse von außen holen, um das eigene Interesse – weit über den aktuellen Text hinaus – lebendig zu halten.
- **Sinnlosigkeit**. Es ist realistisch anzunehmen, dass jeder, der innerhalb einer Organisation arbeitet, sich auch mit Texten herumschlagen muss, die er als sinnlos empfindet. Hinterfragen Sie den Sinn dieser Texte öffentlich. Lassen Sie sich dann entweder von deren Nutzen wieder überzeugen oder ändern Sie den Text so, dass er sinnvoller und nützlicher wird.

Wut

Bei Angst oder Langeweile haben wir zu wenig Energie zum Schreiben. Wenn wir wütend sind, ist das Gegenteil der Fall. Unser Wilder ist außer Rand und Band und will nur noch eins: Drauflos knüppeln. Energie ist also im Überschuss vorhanden und unser Problem ist: Wie gehen wir mit dieser Energie um?

Rein körperliches Abreagieren ist ein effektives erstes Hilfsmittel. Oft genügen ein paar Fausthiebe ins Kissen oder ein Lauf um den Block und das innere Gleichgewicht ist so weit wieder hergestellt, um überlegt zu handeln.

Doch manche wollen ihre Wut schreibend abreagieren. Schließlich lässt sich daraus große Genugtuung ziehen: einmal rücksichtslos, ungnädig und selbstgerecht sein wie ein Großinquisitor, den Leser in die Ecke treiben und jedes seiner möglichen Gegenargumente vorab vernichten. Das ist in Ordnung, solange die Brandschrift den eigenen Schreibtisch nicht verlässt.

Geschriebene Worte verletzen nachhaltiger als mündlich gebrüllte. Sie prägen sich tiefer ein. Sie sind jederzeit wieder abrufbar, auf dem E-Mail-Konto, im Ordner, auf dem Papierstapel. Schreiben ist Verhalten. Nirgendwo bekommen wir dies mehr zu spüren als in jenen Fällen, in denen Wut am Werk ist. Deshalb hier die goldene Regel für das Schreiben im beruflichen Kontext:

- Drücken Sie nicht auf SENDEN. Gehen Sie nicht zur Post. Lassen Sie Ihre Brandschrift mindestens 24 Stunden abkühlen.

Wenn sich unser Wilder ausgetobt hat, kann nach einer durchgeschlafenen Nacht unser Chef noch einmal über den Text gehen. Wir können dann die Folgen unseres Schreibens klarer abschätzen. Wenn wir genau die Reaktion wünschen, die unser Schreiben provozieren wird, dann ab damit. Doch meistens fallen Ihnen dann konstruktivere Lösungen ein oder elegantere Wege, sich zu rächen.

2.5 Hilfreiche Rituale

Manche können nur morgens, andere nur nachts schreiben. Die einen können für Stunden versinken, die anderen brauchen nach jeder halben Stunde Bewegung. Wiederum andere spitzen vorab ihre Stifte. Dann gibt es welche, die können nicht ohne Orangen-Duftöl schreiben oder solche, die unbedingt zuerst ihr Lieblings-Musikstück hören müssen.

Je unbekannter der zu schreibende Text, desto wichtiger werden plötzlich Zeit, Ort, Schreibmaterial und bestimmte Rahmenbedingungen. Diese kleinen Rituale haben nur ein Ziel: Sie wollen unseren Wilden dorthin locken, wo der Chef schon längst sitzt und mit den Fingern trommelt, an den Schreibtisch.

Solche Rituale sind nützlich, wenn sie das Loslegen tatsächlich erleichtern.

Gefährlich werden sie, wenn sie optimale Bedingungen fordern, die viel zu selten eintreten. Dann erleichtern sie nicht das Schreiben, sondern die Ausreden, es nicht zu tun. Langfristig ist es besser, die eigene Schreibpraxis so zu stärken, dass Sie auch unter weniger idealen Bedingungen in den Schreibfluss treten können. Wer beruflich viel schreiben muss, oft in einem Büro mit anderen, kann sich magische Abhängigkeiten kaum leisten.

Schreiblust kultivieren – Rhythmus halten

Selten ist sie gleich am Anfang da, die Lust, mit dem Schreiben einfach loszulegen. Sonst würden wir uns ja nicht so zieren, bis wir endlich vor dem Schreibtisch sitzen. Fast immer kommt die Lust etwas später, wenn unser Wilder und unser Chef zusammengefunden haben, die ersten Ideen fließen und ihre Ordnung finden. Je regelmäßiger Sie schreiben, desto sicherer weiß Ihr Wilder, dass das Schreiben nach einem beschwerlichen Anfang sehr bald anregend und erfüllend sein wird.

Dazu vier Tipps:

- *Vereinbaren Sie feste, regelmäßige Schreibzeiten.* Wundern Sie sich nicht, wenn Ihr Wilder zuerst dagegen revoltiert, zum Beispiel so: Ihnen fällt zu allen Zeiten zum Text etwas ein, nur nicht zur festgelegten Schreibzeit. Erfahrungsgemäß dauert diese Revolte nicht allzu lange. Ihr Wilder gewöhnt sich daran und besteht dann von sich aus auf Einhaltung dieser Absprache.
- *Halten Sie sich an das Motto: Irgendetwas geht immer!* Sie werden später im Buch erfahren, was Sie alles tun können, um Ihr Schreibprojekt voranzubringen. Doch befreien Sie sich jetzt schon von der Vorstellung, Schreiben sei nur, wenn der Stift tanzt oder die Tastatur klappert. Man kann auch nachdenken, Skizzen zeichnen, Fragelisten machen, kleine Behelfstexte schreiben – nur aufgeben muss man nie.
- *Vereinbaren Sie lieber kurze Schreibzeiten.* Schreiben ist ein mentaler Ausdauersport. Auch wenn es streckenweise Spaß macht, es zehrt an endlichen Ressourcen. Als Faustregel hilft: Eine halbe Stunde konzentriertes Arbeiten ist bereits ein Sieg. Nach einer Stunde belohnen Sie sich mit einer kurzen Pause. Und länger als zwei Stunden am Stück schreiben Sie nie. Natürlich variieren diese Zeiten von Person zu Person. Jeder hat eine andere Schreibkondition; jeder arbeitet unterschiedlich intensiv; jeder hat ein eigenes Denktempo, doch grundsätzlich gilt: Seien Sie weniger ehrgeizig mit den Schreibzeiten. Kurze Schreibstrecken lassen sich besser in den Alltag integrieren, wirken Wunder für das Selbstwertgefühl und Sie werden staunen, wie gut Sie damit vorankommen.
- *Schreiben Sie sich nicht völlig leer.* Verlassen Sie die Party dann, wenn die Stimmung noch richtig gut ist. Vor dem Aufhören schreiben Sie sich in Stichpunkten noch die Gedanken auf, die bereits heraufgedämmert sind. Das gibt Ihnen die Sicherheit, dass es morgen nicht ohne Einfälle weitergeht. Bestenfalls freuen Sie sich schon aufs Weiterschreiben.

3. Der Umgang mit Texten

Das Wort *Text* kommt aus dem Lateinischen *texere*, das bedeutet *weben*. Nicht ohne Grund, denn die Herstellung von Texten hat einiges mit diesem alten Handwerk gemein: Zuerst klauben wir einzelne Gedankenfäden zusammen, verknüpfen sie, verweben sie zu groben Stoffen, arrangieren die einzelnen Stücke, ziehen weitere Fäden durch, erweitern hier, kürzen dort, bis wir am Ende ein einzigartiges Gewebe aus Worten vor uns haben.

Das Material des Textens, seine Stoffe und Fäden, können wir zwar nicht anfassen, aber wir können es wie ein Handwerk betrachten:

- Wir vertrauen auf die Machbarkeit des Textes und warten nicht auf die Inspiration.
- Wir verwenden bestimmte Techniken und passen sie den aktuellen Bedürfnissen an.
- Wir folgen einer bewährten Systematik, um mit möglichst wenig Aufwand zum gewünschten Ergebnis zu kommen.

Das Texten lässt sich in mehrere Arbeitsstadien einteilen. Diese Stadien mögen in jedem Schreibratgeber etwas anders heißen, manche listen vier auf, manche fünf oder auch sechs, aber im Prinzip unterscheiden sie sich nicht sehr. In diesem Buch sind sie auf die Anforderungen von beruflichen Texten abgestimmt:

1. Schreibprojekt einschätzen
2. Material sammeln
3. Struktur schaffen
4. Rohtext schreiben
5. Text überarbeiten
6. Text korrigieren

Diese Stadien kommen Ihnen sicher vertraut vor. Jeder, der einen Text schreibt, durchläuft sie mehr oder weniger bewusst. Hier erfahren Sie, welche Möglichkeiten sich in jedem Stadium bieten. Sie können dann treffsicher und gelassen entscheiden, was in jeder Phase des Schreibens zu tun ist.

Jedes Arbeitsstadium strebt auf ein konkretes Ziel zu. Verschiedene Techniken helfen Ihnen dabei, dieses Ziel zu erreichen. Jedes Arbeitsstadium verlangt einen bestimmten Arbeitsmodus und eine bestimmte Einstellung. Ihr Wilder und Ihr Chef kommen dabei unterschiedlich zum Zug.

Die Arbeitsstadien geben Ihnen Orientierung beim Schreiben. Sie werden wissen, wo Sie beim Texten gerade stehen und was Sie in jedem Stadium tun können. Sie werden sich jedoch selten schnurgerade durch diese Stadien bewegen. Meistens geht es voran wie beim Tanzen: Sie ziehen in Schleifen durch die Stadien, mal geht es vor, dann kurz wieder zurück, dann wieder vor. Das ist normal. Selbst bei bester Vorbereitung kommt es beispielsweise vor, dass Sie mitten im Stadium *Rohtext schreiben* merken: „Dieses Argument hier trägt nicht, ich muss noch etwas recherchieren." Dann hieße es zurück zum Stadium *Material sammeln*. Oder Sie wollen in Ihren Rohtext vom Vortag wieder reinkommen und nehmen sich deshalb das bisher Geschriebene vor. Dann wären Sie aufgerückt zum Stadium *Text überarbeiten* und würden nach dem Reinkommen wieder im Stadium *Rohtext schreiben* weitermachen. Je länger der Text, desto wahrscheinlicher wird es in Schleifen vorangehen.

Die sechs Arbeitsstadien gelten im Prinzip für alle Texte. Selbst der kleinste und unwichtigste Text durchläuft alle Stadien, nur schneller. So kann es nur wenige Minuten dauern, bis Sie Ihre Ideen und Informationen beisammen haben, und weitere wenige Minuten, bis der Rohtext fertig ist. Auch bei längeren Texten variiert die Dauer der verschiedenen Arbeitsstadien: Mal geht es schneller, wenn Inhalt und Struktur bereits fertig durchdacht sind; mal dauert es länger, wenn Inhalt und Struktur noch erkundet werden wollen.

3.1 Schreibprojekt einschätzen

Ziel: Seine Kräfte auf das anstehende Schreibprojekt konzentrieren und den Aufwand für den Text einschätzen.

Modus: Ihr Chef hat das Sagen.
Er aktiviert Ihren Wilden für die bevorstehende Aufgabe.

Technik: fünf Fragen.

Zu Beginn eines Schreibvorhabens machen wir uns oft wenig Gedanken über den Aufwand oder schätzen ihn falsch ein. Das kann für den beruflichen Erfolg fatale Folgen haben: Was als kurzes Drübergucken gedacht war, artet aus in eine frustrierende Textüberarbeitungs-Nachtschicht mit mangelhaftem Ergebnis. Die Pressemitteilung bleibt wirkungslos, weil aus Zeitmangel einfach der alte Text aus einer Einladung recycelt wurde. Das neue Angebot kommt monatelang nicht ins Internet, weil wir die Texte nebenbei schreiben wollten, was nicht geschah. Wenn wir nicht vorher unsere Ressourcen einteilen, dann leidet jedes Schreibvorhaben unter Stress und schlechtem Gewissen. Das verdirbt meistens erst die Laune, dann die Qualität.

Es lohnt sich also, vor dem eigentlichen Schreiben darüber nachzudenken, was für den Text zu tun ist und wie lange wir dafür brauchen werden. Diese fünf Einstiegsfragen helfen Ihnen dabei:

1. Was will ich mit meinem Text bewirken?
2. Welchen Umfang soll mein Text haben?

3. Wie viel weiß ich bereits für meinen Text?
4. Wie gut muss mein Text sein?
5. Wie viel Kreativität muss ich für meinen Text aufbringen?

Sind diese Fragen beantwortet, dann können Sie auch die Zeit einschätzen, die Sie für das Texten reservieren müssen.

Hier finden Sie die fünf Einstiegsfragen ausführlich erklärt. Ist ihr Sinn und Nutzen einmal verstanden, dann braucht das Beantworten nur wenige Minuten.

1. Frage: Was will ich mit meinem Text bewirken?

Im beruflichen Schreiben ist jeder Text mit einer konkreten Aufgabe verknüpft. Es lohnt sich, diese Aufgabe vorab in ein, zwei Sätzen zu formulieren. Schreiben Sie eine kurze Absichtserklärung, indem Sie mit „Ich werde ...“ beginnen:

> Ich werde mit diesem Protokoll unseren Zeitplan leicht sichtbar und verbindlich aufschlüsseln, so dass jeder weiß, was er zu erledigen hat und bis wann.

> Ich werde mit diesem Bericht darlegen, warum ich für diesen Anbieter X bin und nicht für Anbieter Y.

So schaffen Sie sich von Anfang an Klarheit darüber, was Sie mit Ihrem Text erreichen wollen. Die Absichtserklärung prägt sich leicht ein und bündelt Ihre Motivation. Sie hilft Ihnen vor allem bei längeren Texten, schnell wieder einzusteigen und Kurs zu halten.

2. Frage: Welchen Umfang darf mein Text haben?

Zu vielen beruflichen Texten erhalten Sie Vorgaben, was die Textmenge betrifft – vom Vorgesetzten, vom Auftraggeber, von der Redaktion oder es gibt darüber stille Übereinkünfte.

Ob Sie den Umfang vorgegeben bekommen oder nicht: Es ist auf jeden Fall ratsam, sich vorher zu entscheiden, wie lang Ihr Text werden soll. Bei dieser Entscheidung spielt es weniger eine Rolle, wie viel Sie zu einem bestimmten Thema zu sagen hätten, sondern die Frage: Wie viel Zeit ist Ihr Leser bereit zu investieren?

Rechnen Sie stets mit dem Minimum an Aufmerksamkeit, die Sie erwarten dürfen, und halten Sie sich daran. Wenn Sie jemals selbst von ausschweifenden Protokollen und Berichten geplagt wurden, die das Wesentliche eher verstecken als offenbaren, dann wissen Sie auch: Niemand dankt dem Schreiber für seinen Fleiß, im Gegenteil, man wird wütend auf ihn. Mit Rücksicht auf Ihre Leser dürfte es Ihnen leicht fallen, die Obergrenze für den Umfang festzulegen. Das hilft bereits enorm:

- Sie respektieren die Zeit Ihrer Leser, was diese zu schätzen wissen.
- Ihr Text hat größere Chancen, vollständig und aufmerksam gelesen zu werden.
- Wenn Sie weniger schreiben dürfen, als Sie eigentlich wollten, werden Sie zur Dichte gezwungen – eines der Hauptkriterien für gute Texte.

- Sie bekommen die wichtigste Vorstellung davon, wie Ihr Text beschaffen sein soll.

Beim Festlegen des Umfangs geht es noch nicht darum, den Text inhaltlich zu planen. Bildlich gesprochen: Sie packen noch nicht den Koffer. Sie entscheiden noch nicht, was alles mit muss auf die Reise. Sie bestimmen lediglich, wie viel Gepäck Sie überhaupt mitnehmen, nur einen winzigen Rucksack oder den Überseekoffer im Schrankformat?

Wie kalkulieren Sie Textmengen? Eine ideale Grundlage ist die so genannte Normseite, die viele Redaktionen verwenden. Sie hat 30 Zeilen à 60 Zeichen, Leerstellen mitberechnet, was ungefähr 250 deutschen Wörtern entspricht. Ich empfehle das Kalkulieren in Normseiten aus drei Gründen:

- Sie verwenden einen Standard, mit dem viele andere ebenfalls rechnen. Das erleichtert die Kommunikation.
- Sie bekommen bei normaler Schriftgröße eine DIN-A4-Seite mit viel Weißraum. Das erleichtert die Arbeit am Bildschirm, macht ausreichend Platz für handschriftliche Anmerkungen und vermittelt Erfolgserlebnisse („... schon wieder x Seiten geschafft!").
- Sie können damit ideal die Zeit kalkulieren, die Sie Ihrem Leser abverlangen: Das Lesen einer Normseite dauert mit Nachdenkpausen etwa zwei Minuten. Also: Lesedauer = Normseiten mal 2.

Wenn Sie Ihre Texte zuerst handschriftlich verfassen, hängt die Wortmenge pro Blatt natürlich von Ihrer Handschrift ab. Da hilft nur eines: Nehmen Sie irgendeine von Ihnen beschriebene Seite und zählen Sie die Worte durch. Wenn Sie Ihre Texte direkt am PC verfassen, dann richten Sie die Normseite dort ein. Jonglieren Sie so lange mit Schriftgröße, Zeilenabstand und Seitenrändern, bis die Textmenge etwa 1800 Zeichen ergibt und Ihnen die Seite optisch gefällt.

3. Frage: Wie viel weiß ich bereits für meinen Text?

Wenn Sie bereits alle relevanten Informationen im Kopf oder in Ihren Notizen haben, dann werden Sie für das zweite Stadium *Material sammeln* sehr wenig Zeit brauchen. Dann müssen Sie Ihre Ideen nur noch zu Papier bringen.

Wenn Sie noch nicht die nötigen Informationen beisammen haben, dann schätzen Sie jetzt:

- Wie viel wissen Sie bereits? Wie viel wissen Sie noch nicht?
- Wen oder was müssen Sie noch befragen?

Es genügt eine grobe Einschätzung. Bildlich gesprochen: Sie brauchen keine detaillierte Liste mit allem, was mit auf die Reise gehen soll. Doch es hilft zu wissen: Was ist bereits im Haus? Was muss ich noch besorgen? Wie aufwändig werden diese Besorgungen sein?

4. Frage: Wie gut muss mein Text sein?

Die wenigsten Texte sind nach der ersten Fassung vollkommen. Alle Texte müssen danach geprüft werden, ob sie für den Leser optimal aufbereitet sind. Alle Texte brauchen eine stilistische Überarbeitung. Das Mindeste ist eine Prüfung auf Verständlichkeitsfallen, Rechtschreibung und Flüchtigkeitsfehler. Das Überarbeiten eines Textes ist genauso wichtig wie das Schreiben selbst – in diesem Arbeitsstadium lernen Sie Ihr Handwerk und legen die Basis für bessere und schnellere Texte in der Zukunft.

Doch es gibt unterschiedliche Qualitätsanforderungen: Für ein kurzes Memo an einen Kollegen sind sie nicht so hoch wie für ein Bewerbungsschreiben. Für ein internes Papier liegen sie ebenfalls niedriger als für eines, das Ihr Unternehmen nach außen repräsentiert. Für die Strecke von „brauchbar" bis „perfekt" müssen Sie oft ein Vielfaches der bislang verbrachten Zeit aufwenden. Und genau diese Investition sollten Sie sich vorher überlegen und einplanen.

5. Frage: Wie viel Kreativität verlangt der Text von mir?

Jeder Text, der für Sie Neuland ist, verlangt ein hohes Maß an Kreativität. Für die erste Pressemitteilung Ihres Lebens werden Sie einige Stunden brauchen, die fünfzigste geht bestimmt schneller und leichter von der Hand.

Lassen Sie Ihr Bauchgefühl entscheiden. Haben Sie eher ein vertrautes, ruhiges Gefühl bei dem zu schreibenden Text? Oder fühlen Sie sich nervös, freudig aufgeregt oder unsicher?

Je ungewisser Ihnen das Endergebnis scheint, desto mehr wird Ihre Kreativität gefordert sein und desto mehr Zeitpuffer planen Sie besser ein.

So planen Sie Ihre Schreibzeiten

Hier sind die fünf Fragen noch einmal als Fragebogen. Vor allem für längere Schreibprojekte ist er sehr nützlich. Sie bekommen ein Gefühl für den zu schreibenden Text und mobilisieren Ihren Wilden für erste Ideen.

1. Was will ich mit meinem Text bewirken?

____

____

____

(Höchstens drei Sätze)

2. Welchen Umfang soll mein Text haben: _______ Worte/Normseiten
3. Wie viel weiß ich bereits für meinen Text?

   ☐ alles ☐ fast alles ☐ geht so ☐ wenig ☐ fast nichts
4. Wie gut muss mein Text sein?

   ☐ geht so ☐ gut ☐ perfekt
5. Wie viel Kreativität muss ich für meinen Text aufbringen?

   ☐ reine Routine ☐ wenig ☐ viel

Lassen sich Textprojekte überhaupt zeitlich planen? Trotz allem, was beim Schreiben an Unvorhergesehenem passieren mag: Es ist erstaunlich, wie häufig man mit etwas Erfahrung zeitlich eine Punktlandung hinbekommt.

Der Aufwand für Ihren Text wird bestimmt von den Faktoren Umfang, Recherche, Perfektionsgrad und Kreativität.

Wenn Sie zum Beispiel eine Seite Text schreiben müssen, für die Sie bereits alles Wissen parat haben, die weder perfekt sein muss noch Ihre Kreativität herausfordert, dann werden Sie nach ein paar Minuten des Gliederns den Text schreiben, ihn anschließend noch einige Minuten lang überarbeiten, korrigieren und fertig ist er. Das mag 30 – 40 Minuten beansprucht haben. Tatsächlich stünden in diesem Idealfall alle Faktoren auf „1". Nichts würde Ihren Minimalaufwand für eine Seite erhöhen.

Wenn Sie nun den Zeitaufwand für Ihr Schreibprojekt einschätzen wollen, dann können Sie von Ihrem persönlichen Minimalaufwand pro Seite ausgehen und zusätzlich die Faktoren Umfang, Recherche, Perfektionsgrad und Kreativität gewichten. Mit etwas Erfahrung können Sie auf diese Weise in wenigen Minuten einschätzen, wie viel Zeit Sie für Ihr bevorstehendes Schreibprojekt brauchen. Hier als Beispiel meine persönlichen Erfahrungswerte:

Mein Minimalaufwand:	Für eine Seite oder 250 Worte, gegliedert, geschrieben und überarbeitet: etwa 30 Minuten.			
Umfang	Zeitaufwand steigt im Verhältnis 1:1, das heißt: 10 Seiten dauern in der Regel auch zehnmal so lang wie eine Seite.			
Anforderungen an:	minimal	wenig	mittel	sehr hoch
Perfektion	1	1,2	1,5	2,5
Rechercheaufwand	1	1,5	2	2,5
Kreativität	1	1	2	4

Sie bedeuten für mich:

- Wenn ich meinen Text perfekt präsentieren muss, dann brauche ich für Überarbeitung, Korrektur und Formatierung bis zu zweieinhalbmal so lang.
- Eine Seite Text kann mich über 12 Stunden kosten, wenn sie perfekt sein muss, ich vom Thema keine Ahnung habe und meine Kreativität maximal gefordert ist (30 Minuten × 2,5 × 2,5 × 4 = 750 Minuten).

Diese Zahlen sind meine Erfahrungswerte. Sie können Ihnen als Grundlage dienen, doch Sie werden auf Ihre eigenen Erfahrungen achten und Ihre eigenen Werte bekommen. Sie werden auch herausfinden, welche Texte Ihnen liegen und welche nicht. Sind es die kreativeren Texte? Oder die Texte mit einem hohen Anspruch an formale und stilistische Perfektion? Sie bekommen bald ein sicheres Gespür dafür, was genau auf Sie zukommt, wenn Sie sich für ein bestimmtes Schreibprojekt verpflichten. Mit Ihrem geschätzten Zeitaufwand können Sie das Schreibprojekt planen. Wenn Sie dafür Zeiten im Terminkalender reservieren, hier noch drei Tipps:

- *Planen Sie eher kurze Schreibzeiten in kurzen Abständen.* Acht Mal eine Stunde jeden Tag ist weitaus effektiver (und gesünder) als einmal eine Stunde, zwei Wochen Pause und dann ein Marathon am Tag vor dem Abgabetermin.

- *Arbeiten Sie zügig bis zum fertigen Rohtext,* also bis Stadium 4. Wenn Sie in den ersten vier Stadien zu lange Pausen machen, müssen Sie viel Zeit und Energie aufwenden, um nach jeder Pause wieder reinzukommen. Planen Sie also Ihre Schreibzeiten möglichst dicht, bis der Rohtext fertig ist.
- *Reservieren Sie die halbe Zeitstrecke für das Überarbeiten und Korrigieren.* Wenn Sie also für ein Schreibprojekt zwei Wochen Zeit haben, dann sollte idealerweise nach einer Woche der Rohtext fertig sein. Dann hätten Sie in der zweiten Woche genügend Zeit zum Überarbeiten und Korrigieren.

3.2 Material sammeln

Ziel: Das Material für Ihren Text zusammentragen: alle relevanten Fakten, Ideen und Argumente.

Modus: In diesem Arbeitsstadium hat überwiegend Ihr Wilder das Sagen, er darf loslegen und produzieren. Ihr Chef darf ihn dabei behutsam lenken.

Techniken: Drauflos-Schreiben, Ideenbummel, Frage-und-Antwort-Spiel, Recherche.

Dieses Stadium mag nur wenige Minuten dauern, wenn wir bereits alles im Kopf haben oder Notizen vorliegen. Dann besinnen wir uns kurz, notieren vielleicht noch ein paar Stichpunkte und schon haben wir alles beisammen, was wir fürs Schreiben brauchen. Für kurze Routinetexte genügt das meistens. Doch sobald die Schreibprojekte etwas komplexer werden, fehlt beim Start meist noch das eine oder andere: frische Ideen, überzeugende Argumente, stützende Fakten oder Hintergrundwissen. Jetzt ist es an der Zeit, das Fehlende zu beschaffen.

Hier finden Sie Kreativitätstechniken, mit denen Sie neue Zusammenhänge, Einsichten und Ideen für Ihren Text entdecken können. Hier finden Sie ebenfalls Tipps für eine effektive Recherche. Sie werden für Ihren Text nicht jede hier aufgeführte Technik anwenden. Probieren Sie einfach, kombinieren Sie, entdecken Sie Ihren eigenen Weg, der für Sie und den anstehenden Text funktioniert.

Für alle Techniken in diesem Arbeitsstadium gilt: Lassen Sie alles erst einmal gelten, was Ihnen durch den Kopf zieht und auf dem Papier landet. Lassen Sie Ihrem Wilden den Auslauf, den er braucht. Das heißt: Sie dürfen dumm, ungehobelt, verrückt, unelegant denken und schreiben. Ihr Wilder soll in diesem Stadium mehr Material produzieren, als Sie am Ende brauchen, also auch den unvermeidlichen Ausschuss. Später erst wählen Sie das Beste davon aus.

Das Drauflos-Schreiben

Mit dieser Technik bringen Sie schnell zu Papier, was Ihnen für diesen Text wichtig ist. Besonders effektiv ist sie, wenn Sie sich bereits voller Ideen fühlen und diese „abschöpfen“ wollen. So gehen Sie vor:

1. Legen Sie sich Wecker oder Armbanduhr zurecht.
2. Lesen Sie sich Ihre Absichtserklärung aus Stadium 1 noch einmal durch.
3. Sitzen Sie paar Sekunden still und beobachten Sie, wie die ersten Gedanken und Gefühle einziehen.
4. Und los geht's! Schreiben Sie zehn Minuten lang, was Ihnen alles zu Ihrem Schreibauftrag einfällt – ohne Rücksicht auf Qualität, Kommata und Rechtschreibung. Alles, was Ihnen durch den Kopf geht, darf aufs Papier! Brüche und Gedankensprünge sind erlaubt. Die Hand bleibt dabei ständig in Bewegung, Sie schreiben also ununterbrochen. Wenn der Gedankenfluss stockt, dann schreiben Sie Fragen oder Unsinn, bis Sie wieder einen Faden finden. So verhindern Sie, dass der innere Chef sich mit Kritik oder Grübeleien einmischt.
5. Die zehn Minuten halten Sie auf jeden Fall durch. Wenn Ihr Schreibschwung noch weiter anhält, dürfen Sie natürlich überziehen.

In den meisten Fällen werden Sie auf dem Papier einige Ideen finden, vielleicht aber auch Zweifel und Fragen. Sie können das, was Ihnen brauchbar erscheint, noch einmal auf Karteikarten übertragen und ergänzen.

Der Ideenbummel

Mit dieser Technik tasten Sie sich intuitiv und spielerisch an Ihr Thema heran. Sie eignet sich besonders gut zum Fokussieren, also dann, wenn Sie bislang andere Dinge im Kopf hatten und sich nun behutsam und ohne Druck Ihrem Text widmen wollen. So gehen Sie vor:

1. Nehmen Sie sich ein größeres Blatt Papier, mindestens DIN A3. Legen Sie es quer vor sich hin. Halten Sie Ihren Lieblingsstift parat.
2. Schreiben Sie in Stichworten auf, was Ihnen in den Sinn kommt. Erste Ideen, Gefühle, Fragen. Auch scheinbar abstruse Ideen haben hier Platz. Lassen Sie Ihren Wilden einfach machen.
3. Gruppieren Sie die Stichworte oder Schlüsselsätze je nach Intuition: Neue Gedanken kommen an einen neuen Ort, Ergänzungen in die Nähe der Ursprungsidee.
4. Erfinden Sie dabei Ihre eigenen Symbole – dicke Ausrufezeichen, Blitze, Sterne, Augen, Gesichter, mathematische Zeichen – und verwenden Sie diese reichlich.
5. Beobachten Sie, ob Zusammenhänge oder Verknüpfungen zwischen den einzelnen Wort- und Symbolinseln entstehen. Wenn ja, markieren Sie diese durch Linien, Brückensymbole, Blätterranken, oder was immer Ihnen gerade gefällt.
6. Bummeln Sie so lange weiter, bis Ihnen nichts mehr einfällt. Dann bleiben Sie einen langen, entspannten Augenblick bei Ihrem Werk. Wenn Sie nichts mehr hinzuzufügen haben, hören Sie auf. Lassen Sie das eben Gedachte noch eine Weile im Stillen nachklingen, auf einem Spaziergang, beim Abwasch, im Auto.
7. Werfen Sie hin und wieder einen Blick auf Ihr Blatt und ergänzen Sie weiter.

Nach dem Ideenbummel erhalten Sie eine Mischung zwischen Text, Gekritzel und Zeichnung – unaufgeräumt, chaotisch, aber reichhaltig. Sie haben ein erstes Bild von Ihrem Text, an dem Ihr Wilder unbewusst weiterarbeiten kann. Halten Sie in der Zeit danach Papier für weitere Ideen bereit.

Sie können die Urversion immer weiter ergänzen, zum Beispiel nach einer Recherche. Oder aber Sie zeichnen aus der Urversion eine aufgeräumte Skizze, die Sie dann wiederum mit neuen Ideen anreichern.

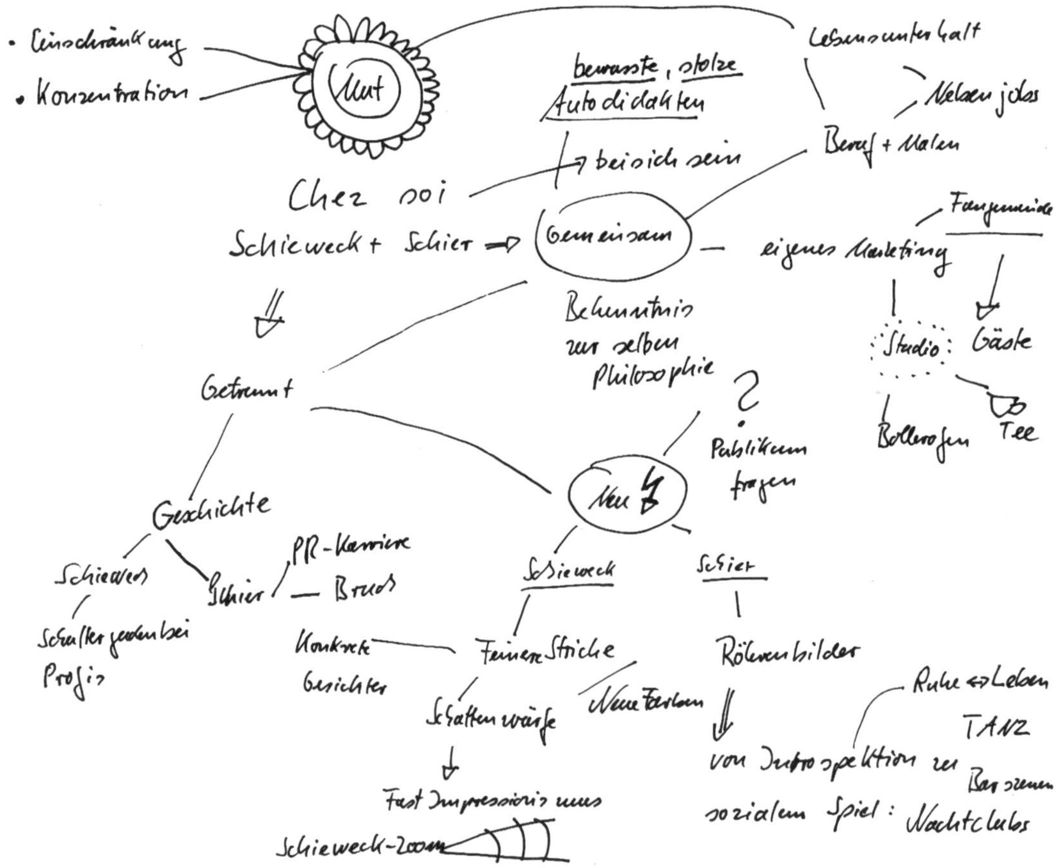

Das Ergebnis eines Ideenbummels für einen Ausstellungskatalogtext

Das Frage-und-Antwort-Spiel

Mit dieser Technik loten Sie Schritt für Schritt den Inhalt des bevorstehenden Textes aus, ohne auf Intuition und Spontaneität verzichten zu müssen. Sie ist ideal für argumentative Texte, denn diese Technik bildet den Wechsel zwischen Argument und Einwand bereits ab. Oft haben Sie nach dieser Technik eine brauchbare Struktur für Ihren Text. So gehen Sie vor:

1. Lesen Sie sich Ihre Absichtserklärung aus Stadium 1 noch einmal durch.
2. Formulieren Sie Ihre Absichtserklärung als Wie-Frage.

Beispiel:
Wie schreibe ich ein Profil, in dem unsere Firma sympathisch rüberkommt?
3. Notieren Sie sich die Antwort.
Beispiel:
Indem ich erzähle, wie wir uns letztes Jahr gegen eine Produktionsverlagerung nach Weißrussland entschieden haben.
4. Aus dieser Antwort ergeben sich neue Fragen, die Sie wiederum beantworten.
Beispiel:
Warum lässt uns diese Entscheidung sympathisch erscheinen? Weil wir wie eine große Familie arbeiten wollen. Weil kurze Wege Qualität sichern. Was kann ich noch über uns erzählen? Wir sind besessen, was gutes Rohmaterial anbelangt. Warum ist das so wichtig?
5. Machen Sie so lange weiter, bis sich Ihre Fragen oder Antworten erschöpfen.
6. Notieren Sie alle Fragen, die Sie nicht beantworten konnten, auf einem gesonderten Blatt.

Sie haben nun, als Antworten formuliert, die ersten Ideen für Ihren Text. Die unbeantworteten Fragen wären Ihre Aufgaben für die Recherche. Sie können das Frage-und-Antwort-Spiel jederzeit fortsetzen und so Ihre Argumente und Ideen weiter ausbauen.

Die Recherche

Dank Internet erhalten Sie zu fast jedem Thema innerhalb kürzester Zeit die gewünschte Information oder zumindest Hinweise, wo sie zu finden ist. Probleme bereitet meistens der Überfluss an Fremdmaterial, der sich in Bookmark-Listen, Bücher- oder Aktenstapeln ansammelt. Hier ein paar Tipps, wie Sie Ihre Recherche möglichst effektiv gestalten können:

- Formulieren Sie Ihre wichtigste Frage, von der alles Weitere im Text abhängt. Konzentrieren Sie Ihre Recherche nur darauf, bis Sie eine befriedigende Antwort bekommen haben. Dann erst kümmern Sie sich um alle weiteren Fragen.
- Greifen Sie zum Telefon, wenn Aussicht auf eine kompetente Antwort besteht. Kollegen oder befreundete Experten können die Recherchewege bedeutend abkürzen und Sie auf weitere Facetten zu Ihrem Thema hinweisen.
- Selektieren Sie schnell und sofort. Entscheiden Sie bei jedem Stück Fremdmaterial: Trifft es auf meine Fragen zu? Bringt es mein Anliegen entscheidend weiter? Kann ich die vielen Details in der mir gegebenen Zeit auswerten? Wenn nicht, weg damit. Wenn ja, dann arbeiten Sie das neue Material durch, so schnell es geht. Schnelle Entscheidungen disziplinieren Ihre Recherche und verhindern, dass Sie vom Hundertsten ins Tausendste kommen.
- Lesen Sie Ihr Recherchematerial so, als würden Sie sich mit dem Autor unterhalten. Geben Sie ihm Contra, mit dem Textmarker oder dem Stift am Rand oder gleich auf einem gesonderten Blatt. Pflichten Sie ihm bei, widersprechen Sie seinen Argumenten, ergänzen Sie seine Ergebnisse mit Ihren eigenen, provozieren Sie mit weiteren Fragen. Auf diese Weise kommt Leben in Ihr Thema und es entstehen neue Ideen und Erkenntnisse.

- Legen Sie ein Recherchejournal an. Ob Collegeblock, Kladde oder Ordner – dort kommt alles hinein, was Sie auf Ihrer Suche begleitet: kopierte Zitate, anregendes Bildmaterial, Grafiken, Zahlenmaterial und vor allem Ihre Anmerkungen, Fragen und Antworten. So ein Journal lockt Sie vom Bildschirm weg und bietet Ihnen einen Ort zum freien Kritzeln, Tüfteln, Skizzieren – sehr wohltuend vor allem bei längeren Schreibprojekten.

Wann habe ich genug Material?

Überfluss macht sicher und souverän. Im Journalismus gilt die Faustregel, ungefähr doppelt so viel Material zu sammeln als im Endprodukt Platz findet. Diese Relation variiert natürlich, je nachdem, wie intensiv Sie sich mit Ihrem Thema auseinandersetzen wollen und wie bahnbrechend das Ergebnis sein muss. Für die meisten beruflichen Gebrauchstexte, die Informationen nur aufbereiten, genügt ein weit geringerer Überschuss an Material.

Sie können aber auch einfach auf Ihre Intuition hören: Wenn Sie merken, dass Sie nun endlich Ordnung in all die Notizen, Fragmente, Ideenbummel-Blätter und Fragebögen bringen wollen, dann ist es Zeit für das nächste Arbeitsstadium.

3.3 Struktur schaffen

Ziel: Die Schreibroute für den Text festlegen.

Modus: In diesem Stadium arbeitet Ihr Chef im Vordergrund: Er selektiert und ordnet Ihr Material. Im Hintergrund unterstützt ihn Ihr Wilder: Er achtet auf das große Ganze und die Proportionen. Am Ende befindet der Wilde, wann die Struktur stimmig ist.

Techniken: Das Prinzip des vorausgeahnten Gesprächs, das Prinzip der Pyramide, Überschriften formulieren, Auswerten nach Rot-Grün-Blau, Karteikarten legen, Inhaltsverzeichnis anlegen.

Eine gute Struktur gibt Ihnen Orientierung für das Schreiben, sie ist wie ein Routenplan beim Wandern: Er zeigt Ihnen, wo es lang geht, was Sie demnächst tun sollten oder wann Sie sich verirrt haben. Eine gute Struktur gibt Ihnen die Zuversicht, dass Sie zu einem guten Ende kommen und macht selbstsicher. Sie haben bereits vor dem eigentlichen Schreiben für eine klare Linie gesorgt und werden nicht mehr schlingern.

Auch in diesem Arbeitsstadium können Sie aus mehreren Techniken wählen. Sie finden Ordnungsprinzipien, anhand derer Sie alle beruflichen Kurztexte strukturieren können, wie zum Beispiel die interne E-Mail-Korrespondenz, Informationstexte und Berichte. Für die häufigsten Schreibanlässe gibt es Standardstrukturen, die Sie sofort übernehmen und abwandeln können. Für längere Texte, in denen Sie komplexere Strukturen schaffen, lernen Sie ebenfalls Methoden kennen. Sie erfahren, wann sich eine Technik besonders gut eignet, so dass Sie für Ihren Text die richtige wählen können.

Das Prinzip des vorausgeahnten Gesprächs

Mit diesem Ordnungsprinzip lassen sich besonders gut Texte strukturieren, die den Leser zu etwas auffordern, um etwas bitten oder von etwas überzeugen wollen. Das wären, neben den täglichen Briefen und E-Mails, zum Beispiel auch Projektvorschläge, Konzepte und andere werbende Darstellungen.

Alle Korrespondenz baut sich nach dem gleichen Muster auf wie ein Gespräch: Man begrüßt sich, sagt, um was es geht, tauscht seine Gedanken aus, rundet sie ab und verabschiedet sich wieder. Beim Schreiben ist unser Adressat natürlich nicht da. Doch wenn wir uns seine Reaktionen vorstellen, seine Zwischenfragen, Einwände und Kommentare, dann haben wir bereits einen Leitfaden, anhand dessen wir unsere Ideen ordnen können. So gehen Sie vor:

1. Stellen Sie sich vor, Ihr Leser säße Ihnen gegenüber. Wie würden Sie das Gespräch eröffnen? Was muss in die ersten Sätze, damit er weiß, um was es geht? Suchen Sie aus Ihrem Material das aus, was Sie als Erstes nennen müssen.
2. Nachdem Ihr Leser nun über Ihr Anliegen Bescheid weiß: Was wäre seine erste Frage? Suchen Sie aus Ihrem Material das aus, was eine Antwort auf seine erste Frage liefert.
3. Was würde Ihr Leser als Nächstes einwenden oder wissen wollen? Wieder suchen Sie aus Ihrem Material das aus, was ihn in diesem Moment des Gesprächs zufriedenstellt. Und so machen Sie weiter.
4. Für den Schluss: Was möchten Sie am Ende des Gesprächs noch einmal hervorheben? Wie möchten Sie diese Begegnung abschließen?

Der große Vorteil dieses Prinzips: Sie denken bereits beim Strukturieren stets an den Leser und orientieren sich, Textabschnitt für Textabschnitt, an seinen Bedürfnissen. Auch wenn Sie beim Schreiben seine Reaktionen vorausahnen müssen und dabei manchmal falsch liegen könnten: Sie berücksichtigen ständig, wo er gerade steht. Meistens gelingen mit diesem Ordnungsprinzip Texte von hoher Überzeugungskraft, weil der Leser spürt, dass sie seine Position wahrgenommen und respektiert haben.

Dieses Ordnungsprinzip lässt sich sehr gut mit dem Frage-und-Antwort-Spiel aus Stadium 2 kombinieren. Die Fragen, die Sie sich selbst zum Text gestellt haben, ordnen Sie nun anhand der Reihenfolge der Fragen, die Ihr Leser zum Text stellen würde. Für kurze Briefe oder E-Mails können Sie diese beiden Techniken in einem Arbeitsgang zusammenziehen: Sie spielen das Frage-und-Antwort-Spiel gar nicht erst mit sich selbst, sondern gleich mit dem imaginären Leser.

Das Prinzip der Pyramide

Dieses Ordnungsprinzip können Sie ebenfalls auf alle Briefe, E-Mails und Kurztexte anlegen. Es eignet sich besonders gut für Texte mit informativem Charakter – alle Kurzberichte, Pressemitteilungen und Texte im Internet sind nach diesem Prinzip strukturiert. Es berücksichtigt den Leser genauso wie das Prinzip des vorausgeahnten Gesprächs, geht dabei aber anders vor. Es liegt Schreibern, die lieber mit Logik als mit Vorstellungskraft arbeiten. Das Prinzip der Pyramide ist einfach und konsequent:

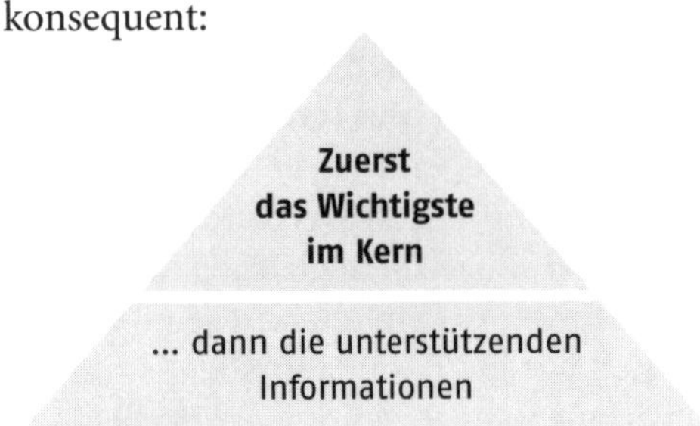

Dieses Prinzip berücksichtigt die Tatsache, dass wir im Arbeitsleben wenig Geduld für das Lesen aufbringen. Wir wollen uns nicht erst durch lange Absätze kämpfen und erst am Schluss erfahren, was der Text mit uns zu tun hat. Wir wollen sofort wissen, um was es geht und was man von uns will.
Hier ein Beispieltext, der diese Tatsache missachtet:

> Sehr geehrte Damen und Herren,
>
> die Stadt Münchburg zählt zu den zukunftsstärksten im europäischen Raum und zeichnet sich durch ein überdurchschnittliches Wachstum aus, zu dem vor allem Zukunftsbranchen wie Medien, Informations- und Biotechnologie wesentlich beitragen. Der hervorragende Branchenmix und eine produktive Verbindung zwischen alten und neuen Industrien schaffen eine einzigartige Dynamik. Projekte wie die Umgestaltung des alten Binnenhafens machen deutlich, mit welchem Elan Münchburg seine wirtschaftliche Zukunft angeht.
>
> Nach der sehr erfolgreichen Zusammenarbeit im Jahr 2002 werden wir auch 2007 wieder auf die Dienste der sphinxmedia GmbH zurückgreifen, die für uns eine durch Firmenportraits finanzierte Broschüre nach unseren Wünschen erstellen wird.
>
> Diese optisch gut aufgemachte Publikation im Format DIN A4 berichtet von der Wirtschaftsgeschichte bis zu brandaktuellen Vorhaben in der Stadtplanung. Ansprechpartner der städtischen Wirtschaftsförderung werden neben vielen weiteren wichtigen Adressen genannt.
>
> Unternehmen aller Branchen bietet sich mit dieser Wirtschafts- und Standortbroschüre eine ausgezeichnete Gelegenheit, sich in der Öffentlichkeit, auf Messen und bei Wirtschaftskontakten zu präsentieren. Natürlich steht Inserenten die Broschüre auch für die eigene PR-Arbeit zur Verfügung. Herr Max Ströbel von der sphinxmedia GmbH wird Sie gern unverbindlich dazu beraten.
>
> Mit freundlichen Grüßen ...

Erst nach vier langen Absätzen ahnen wir, was der Schreiber will: uns für ein Inserat in einer Broschüre gewinnen. Diese Art, das Wichtigste zuletzt zu nennen, ist weit verbreitet, denn der Schreiber empfindet sie durchaus als höflich.

Schließlich fällt er nicht gleich mit der Tür ins Haus. Ironischerweise wird aber genau das von den Lesern als unhöflich empfunden, weil es ihnen Zeit und Nerven raubt.

Das Prinzip der Pyramide hingegen mag sich beim Schreiben unhöflich anfühlen, ist aber genau das, was der Leser sich im Arbeitsalltag wünscht:

> Sehr geehrte Damen und Herren,
>
> wir planen eine Broschüre, die das Wirtschaftsleben von Münchburg in seiner Dynamik und Vielfalt porträtiert. Die Broschüre verbreiten wir auf Messen, Kontaktveranstaltungen und in vielen öffentlichen Einrichtungen. Als Münchburger Unternehmen haben Sie die Möglichkeit, sich dort zu präsentieren.

Nach diesem ersten Absatz weiß der Leser, worum es geht und was das Ganze mit ihm zu tun hat. Danach können alle anderen Fakten und Argumente kommen, die das Anliegen näher erläutern: die Ausstattung der Broschüre, der Erfolg ihrer Vorläuferin, die geplanten Inhalte. Überflüssiges, wie die einleitende Belehrung über die wirtschaftliche Position der Stadt, kann entfallen. Mit dem Prinzip der Pyramide sortieren Sie Ihr Material strikt nach den Kategorien „Wichtig" und „Detail". So gehen Sie dabei vor:

1. Was ist für Ihren Leser das Wichtigste? Er will wissen, worum es geht und was es mit ihm zu tun hat. Erklärungen und Hintergrundinformationen sollten Sie auf das Nötigste reduzieren. Wenn Sie vom Leser eine bestimmte Handlung wünschen, nennen Sie diese sofort und erklären Sie erst später das Warum und die Einzelheiten.
2. Mit dem Rest Ihres Materials gehen Sie genauso vor: Was ist nun das Wichtigste? Sortieren Sie Ihr Material so, dass der Leser jederzeit aussteigen könnte, ohne noch Wichtigeres zu versäumen.
3. Prüfen Sie das Material, das nach diesem Prinzip zum Schluss an die Reihe käme. Ist es noch notwendig oder ist alles Wichtige bereits gesagt?

Briefe und E-Mails, die nach dem Prinzip der Pyramide strukturiert sind, kann der Leser sehr leicht zuordnen und wiedererkennen. Ein großer Vorteil, wenn er – wie wir alle – mit mehreren Projekten gleichzeitig befasst ist.

Weitere Ordnungsprinzipien für Texte

- **Ein Ereignis nach dem anderen.** Eine strikt chronologisch aufgebaute Struktur sollten Sie nur dann verwenden, wenn der zeitliche Ablauf wirklich im Vordergrund steht. Das mag bei rechtlichen Angelegenheiten der Fall sein, wie bei Konflikt- oder Unfallschilderungen oder zu Anlässen, für die eine minutiöse Dokumentation ausdrücklich erwünscht ist. In allen anderen Fällen erweist sich dieses Ordnungsprinzip als Falle: Es zwingt Wichtiges und Unwichtiges nebeneinander in die Zeitschiene. Und weil die Zeitschiene keine Löcher haben darf, stopft man sie mit Unwichtigem voll. So entstehen die allseits gefürchteten überdimensionierten Protokolle und Berichte. Meistens fahren Sie mit dem Prinzip der Pyramide besser.

- **Pro und Contra.** Wenn sich Ihre Argumente für oder gegen eine bestimmte Sache relativ knapp formulieren lassen, genügt oft eine zweispaltige Tabelle, in der sich die *Pros und Contras* gegenüberstehen. Das gäbe dem Leser sofort einen Überblick und Sie vermeiden, dass Ihr Text hin und her schlingert. Wenn Ihre Argumente erklärungsbedürftiger sind, können Sie aus folgenden Mustern wählen:
  alle Pros, alle Contras, Fazit, Empfehlung.
  Alle Contras, alle Pros, Fazit, Empfehlung.
  Pro, Contra, Pro, Contra .... Fazit, Empfehlung.
  Pro, Contra, Fazit, Pro, Contra, Fazit ... Empfehlung.
  Oder aber Sie kombinieren dieses Ordnungsprinzip mit dem der Pyramide, indem Sie zuerst Ihre Empfehlung abgeben und dann Ihre Pros, Contras und Ihr Fazit als stützende Fakten nachliefern.
- **Von den Grundlagen zum Schwierigen.** Dieses Ordnungsprinzip eignet sich für anleitende Texte, die neues Wissen oder Fertigkeiten vermitteln. Hier setzen Sie jene Informationen an den Anfang, die für den Leser am einfachsten zu verstehen sind und worauf sich alles Weitere aufbaut.

Überschriften formulieren

Für den Leser sind Überschriften Wegweiser. Mit ihnen findet er sich im Text zurecht und gewinnt schnell einen Überblick. Für den Schreiber sind Überschriften wertvolle Helfer beim Strukturieren. Wenn Sie Überschriften formulieren, kommen Sie automatisch in eine „strukturierende Denke“: Sie bündeln Ihr Material zu Hauptinhalten, denen Sie alle einzelnen Ideen zuordnen. Überschriften können Sie auf drei verschiedene Arten formulieren:

- Erste Möglichkeit: Sie formulieren Ihre Überschriften als Fragen, die der Leser an bestimmten Punkten im Text stellen könnte:

  Worum geht es bei dem Systemwechsel?

  Was wollen wir damit erreichen?

  Was ist bisher geschehen?

  Wie gehen wir weiter vor?

Als Frage formulierte Überschriften betonen das Prinzip des vorausgeahnten Gesprächs und entsprechend sortieren Sie die Überschriften auch: Sie stellen sich vor, welche Frage in einem Gespräch zuerst kommen würde, welche danach und so weiter.

- Zweite Möglichkeit: Sie formulieren Ihre Überschriften als konkrete Wegweiser, so wie es Zeitungen tun:

  Mobile Datenübertragung für Laptops

  Neuinstallation von Software erforderlich

  Indatex begleitet die Neuinstallation

  Stichtag für die Umstellung: 8. Dezember

Konkret formulierte Überschriften informieren bereits darüber, was im Text folgen wird. Bringen Sie die Überschriften in eine sinnvolle Reihenfolge, am besten mithilfe eines der eben vorgestellten Ordnungsprinzipien.

- Dritte Möglichkeit: Sie formulieren Ihre Überschriften als abstrakte Wegweiser:

  Hintergrund

  Ziel

  Strategie

  Plan

  Kosten

Diese Überschriften verraten wenig über den Inhalt, sondern betonen die Argumentationsweise des gesamten Textes. Abstrakte Überschriften funktionieren dann am besten, wenn man sie innerhalb eines Unternehmens gemeinsam festgelegt hat und alle Beteiligten wissen, was unter diese Überschriften gehört. Berichte, Vorlagen und Protokolle kann man so für den internen Schriftverkehr standardisieren. In diesem Fall hätten Sie als Schreiber bereits eine feste Struktur, vorgegeben durch die Überschriften und deren Reihenfolge, mit der Sie Ihre Gedanken sortieren können. Solche Standardstrukturen eignen sich gut für regelmäßig wiederkehrende Schreibanlässe innerhalb einer bestimmten Gruppe.

Ihre Struktur wird übersichtlicher, wenn Sie innerhalb eines Textes bei einer Überschriftenart bleiben – also Frageform, konkrete und abstrakte Wegweiser nicht mischen:

Unübersichtlich – Frageform und abstrakter Wegweiser gemischt	**Übersichtlich – nur abstrakte Wegweiser**	**Übersichtlich – nur Frageform**
Was ist das Problem?	Problembeschreibung	Was ist das Problem?
Ziele	Ziele	Was wollen wir?
Welche Alternativen gibt es?	Alternativen	Welche Alternativen gibt es?
Beste Lösung	Beste Lösung	Welche Lösung ist die beste?
Wer macht was und bis wann?	Maßnahmen	Wer macht was und bis wann?

Umfangreiches Material auswerten

Vor allem bei längeren Texten kommt es manchmal vor, dass Sie viel Material aus unterschiedlichen Quellen zusammengetragen haben. Nun wollen Zettel,

Kopien, Anmerkungen in Büchern, Internetdateien, Notizen im Arbeitsjournal und Notizen im PC zusammengeführt und ausgewertet werden. Mit dieser Arbeitstechnik können Sie Ihr Material nach Wichtigkeit ordnen. So gehen Sie vor:

1. Legen Sie sich Stifte, Marker und Post-its in den Farben Rot, Grün und Blau zurecht.
2. Lesen Sie sich Ihre Absichtserklärung aus Arbeitsschritt 1 noch einmal durch.
3. Betrachten Sie jede Notiz, jede Idee, jedes Zitat aus Büchern, Zeitschriften und Dateien, jede Passage aus Ihrem Arbeitsjournal und jedes Skizzenblatt noch einmal und entscheiden Sie:
   Ist es ein unverzichtbarer Bestandteil Ihres Textes und daher absolut wichtig? Dann markieren Sie es mit Rot.
   Ist es wichtig, aber bereits einem unverzichtbaren Bestandteil zuzuordnen? Dann markieren Sie es mit Grün.
   Ist es irgendwie interessant, aber Sie wissen noch nicht so recht, wohin damit? Dann markieren Sie es mit Blau.
   Markieren Sie deutlich und wie es der Lesbarkeit gerade dient: unterstreichen, anstreichen, einkringeln, oder ein Post-it der entsprechenden Farbe drankleben. Bei Computerdateien haben viele Textverarbeitungsprogramme eine Markierungsfunktion.
4. Jetzt konzentrieren Sie sich auf das rot markierte Material. Notieren Sie alle rot markierten Stellen in Kurzform auf ein Blatt Papier. Was lässt sich erkennen?
   Können Sie bestimmte Themen oder Ideen bündeln? Drängt sich eine bestimmte Ordnung auf?
5. Wenn noch etwas fehlt – und nur dann – können Sie aus dem grün markierten Material noch etwas dazu nehmen. Ansonsten wäre das grün und blau markierte Material nur noch relevant, wenn es sich dem rot markierten zuordnen lässt.

Längere Texte strukturieren

Wenn Sie einen Text mit mehreren Kapiteln, Unterkapiteln und Abschnitten planen, leisten Karteikarten gute Dienste. Damit können Sie die Struktur so lange durchspielen, bis sie passt, und überblicken dabei ständig Ihr gesamtes Material. Außerdem bieten Karteikarten eine Abwechslung zur Bildschirmarbeit. Sie können diese Technik im Anschluss an die vorher genannte anwenden oder, wenn Ihr Material bereits recht übersichtlich ist, gleich damit loslegen. So gehen Sie vor:

1. Besorgen Sie sich einen Packen Karteikarten. Bewährt haben sich die Formate A6 (Postkarte) oder A7 (halbe Postkarte).
2. Räumen Sie, je nach Materialfülle, ein bis zwei Quadratmeter Fußboden frei.
3. Sammeln Sie die wichtigsten Ideen, Hauptgedanken oder Stichworte. (Wenn Sie die letzte Arbeitstechnik angewandt haben, wäre dies das rot markierte

Material.) Formulieren Sie Überschriften dazu. Schreiben Sie je eine Überschrift auf je eine Karte.

4. Nun können Sie die besten Varianten für Ihre Struktur durchspielen: Welche Karten gehören zusammen und formen eine größere Einheit? Legen Sie diese Karten in einen Pool zusammen. Das werden dann Ihre Kapitel (oder Hauptteile). Formulieren Sie für jedes Kapitel eine Überschrift, schreiben Sie diese auf eine neue Karteikarte und legen Sie sie über den jeweiligen Kartenpool.
5. Bringen Sie die Kapitel (oder Hauptteile) von links nach rechts in eine Reihenfolge. Tüfteln Sie so lange, bis die Kartenpools der jeweiligen Kapitel in der bestmöglichen Reihenfolge nebeneinander liegen.
6. Dann bringen Sie die einzelnen Karten innerhalb eines Kapitelpools von oben nach unten in eine Reihenfolge. Tüfteln Sie so lange, bis Sie mit der Abfolge innerhalb eines Kapitels zufrieden sind.
7. Nun können Sie alle weiteren Ideen, Zitate, Gedanken aus Ihrem Material auf je eine Karte schreiben und der bestehenden Struktur auf Ihrem Fußboden hinzufügen. (Wenn Sie die letzte Arbeitstechnik angewandt haben, so ist dies das grün markierte Material, und – wenn Sie es noch brauchen – auch das blau markierte.)
8. Wenn der Platz es erlaubt, lassen Sie Ihre Kartenstruktur ein paar Stunden oder eine Nacht auf dem Fußboden liegen. Wenn Ihnen Alternativen einfallen, können Sie diese jederzeit durchspielen.
9. Wenn Sie mit der Kartenstruktur schließlich zufrieden sind, kennzeichnen Sie die Karten mit Nummern oder Buchstaben, so dass Sie die erarbeitete Struktur schnell wieder auslegen können. Oder fotografieren Sie die Kartenstruktur mit einer Digitalkamera.
10. Wenn Sie am Kartenlegen Gefallen gefunden haben und noch klarer strukturieren möchten: Karteikarten gibt es in verschiedenen Farben und Formaten. Sie können damit jedem Kapitel eine Farbe zuweisen. Oder Sie nutzen die kleinen Kartenformate für Zusatzideen oder Unterpunkte. So können Sie ein System schaffen, das am besten zum Text und zu Ihrer Arbeitsweise passt.

Ein Tipp dazu: Strukturieren Sie lieber „flach“. Je weniger Ebenen Sie verwenden, desto besser. Natürlich gibt es Texte, die aufgrund zwingender Systematik viele Ebenen brauchen, doch grundsätzlich gilt: Mehr als drei Ebenen in einem Kapitel sind für den Leser schwierig zu überblicken. Außerdem: Je tiefer Sie hinuntergliedern, desto schwieriger schreiben sich die Überleitungen, wenn Sie zum Beispiel von Abschnitt 1.2.4.7.5 wieder hinauf müssen auf Abschnitt 1.2.5.

Struktur fixieren mit Inhaltsliste

Es kann sein, dass Sie mithilfe der Karteikartenstruktur oder einer Skizze bereits mit dem Schreiben beginnen können. Oft braucht es aber einen weiteren Schritt, der die Struktur noch klarer abbildet, und zwar dort, wo Sie höchstwahrscheinlich mit dem Schreiben beginnen werden: auf einer PC-Datei. Mit der Inhaltsliste bringen Sie die Struktur Ihres Textes in eine lineare Ordnung und legen so die Route für das Schreiben fest. Trotzdem bleiben Sie flexibel, denn am PC können Sie streichen, einfügen und umstellen, ohne dass das Aussehen der Liste leidet. Außerdem können Sie die Textstruktur erkennbar und einheitlich formatieren. So gehen Sie vor:

1. Öffnen Sie eine neue Datei. Legen Sie die Überschriftgröße für die größten Einheiten Ihres Textes fest (Hauptpunkte oder Kapitel). Sparen Sie nicht: 20 Punkt oder mehr sind durchaus okay. Wer mit Formatvorlagen arbeitet, nennt dieses Format am besten *Überschrift 1.*
2. Falls nicht schon geschehen: Benennen Sie Ihre Hauptpunkte oder Kapitel in kurzen Überschriften und schreiben Sie diese untereinander. Diese Überschriften sind provisorisch, halten Sie sich also nicht allzu lange mit der Suche nach besonders guten Titelzeilen auf.
3. Legen Sie eine kleinere Überschriftgröße für die nächstkleineren Einheiten fest (Ihre Unterkapitel oder Unterpunkte). Wer mit Formatvorlagen arbeitet, nennt dieses Format am besten *Überschrift 2.*
4. Schreiben Sie die Überschriften dieser kleineren Einheiten unter die jeweiligen großen Überschriften.
5. Und dann wiederholen Sie diese Schritte für die nächstkleinere Textebene – so lange, bis Sie eine hierarchisch geordnete Liste mit allen Themen und Ideen Ihres Textes erhalten.
6. Unter jede Überschrift können Sie mit der normalen Standardschrift Ihre Anmerkungen oder Ideen hinzufügen.
7. Falls Sie später – während des Schreibens – noch weitere Ideen entwickeln oder Teile Ihrer Struktur umstellen wollen, dann können Sie die Inhaltsliste stets auf den neuesten Stand bringen. So behalten Sie den Überblick.

Wann steht meine Struktur?

Für Texte im Arbeitsleben gilt: Je gründlicher Sie sich vor dem Schreiben überlegen, wie Sie Ihr Anliegen an den Leser bringen, desto wirksamer wird Ihr Text. Es ist normal, wenn Sie für diese strategischen Vorüberlegungen mehr Zeit aufwenden als für das eigentliche Schreiben.

Manche Texte, wie Bedienungsanleitungen, Vertragstexte oder technische Beschreibungen, leben ausschließlich von einer minutiös durchdachten Struktur und von exakten, vordefinierten Begriffen, die dann konsequent einzuhalten sind. Bei solchen Texten fällt das Strukturieren beinah mit dem Schreiben zusammen.

Wann also ist das Stadium *Struktur schaffen* abgeschlossen?

- Wenn Sie überzeugt sind, dass Ihre Struktur so und nicht anders am besten funktioniert.
- Wenn Sie kein größeres Problem mehr offen lassen in der Hoffnung, es würde sich beim Schreiben schon etwas ergeben.
- Wenn Sie ein gutes Gefühl für Ihren Text bekommen haben und nun zuversichtlich mit dem Schreiben loslegen können.

3.4 Rohtext schreiben

Ziel: Ihren Text Gestalt annehmen lassen.

Modus: In dieser Phase übernimmt Ihr Wilder wieder die Führung. Ihr Chef bleibt unterstützend im Hintergrund.

Methoden & Tipps: Warmschreiben, Ideenpapier bereithalten, Aussteigen und Fokussieren, Gärtnern, gut aufhören.

Idealerweise setzen Sie sich einfach an den Tisch und lassen Ihren Wilden laufen. Nichts muss perfekt sein. Zum Verbessern bleibt hinterher genug Zeit. Ihr Chef sitzt in dieser Phase als hilfreicher Beifahrer neben Ihnen, mit der Landkarte auf dem Schoß. Er lenkt nur ein, wenn Sie zu sehr vom Weg abkommen.

Je zügiger Sie dieses Stadium durchlaufen, desto besser: Kürzere Texte bis zu drei Seiten schreiben Sie besser am Stück, bei längeren Texten setzen Sie lieber nicht allzu lange mit dem Schreiben aus, sonst verliert das Schreiben an Konzentration und Schwung.

Wenn Sie zügig schreiben können, dann brauchen Sie keine der hier aufgeführten Arbeitstechniken. Wenn Sie feststecken, dann kommen Sie mit diesen Techniken wieder vom Fleck.

Den Anfang schreiben

Egal, welches Ordnungsprinzip Sie bei Ihrer Struktur angewendet haben, bei allen Texten im Arbeitsleben gilt: so wenig Vorab-Erklärungen wie möglich. Und: So bald wie möglich dem Leser mitteilen, worum es geht und warum er weiterlesen sollte. Bei kurzen oder erwarteten Texten genügt dafür manchmal ein einziger einleitender Satz oder eine informative Überschrift oder Betreffzeile. Bei Briefen, Kurzmitteilungen oder Memos ist dies meist der Fall, also überall dort, wo der Austausch knapp und schnell ist und beide Partner den Kontext kennen. Solche Anfänge zu schreiben dürfte nicht allzu schwer fallen.

Wenn der Leser Ihren Text nicht erwartet oder der Leseaufwand hoch ist, dann braucht der Anfang oft ein weiteres Element: Ich nenne es die *Brücke*. Sie holen den Leser von seinem Standort ab und führen ihn hinüber zu dem Ort, an dem Ihr Austausch stattfindet. Dabei soll er das Gefühl bekommen, dort drüben, im bevorstehenden Text, etwas Lohnendes zu erfahren.

Für solche Brücken gibt es bewährte Baumuster. Hier sind einige mit jeweils einem kurzen Beispiel zum immer gleichen Thema:

- Vom Vertrauten zum Unbekannten:

  (Abholen:) Alle halbe Jahre ist Mitarbeitergespräch. Wenn es wieder mal soweit ist, haben viele ein flaues Gefühl im Bauch, einen Krampf im Hirn und wenig Lust zum Reden. (Hinüberführen:) Bei der Wummer AG war dies lange so, doch 2003 hat sie dieses Ritual abgeschafft und durch drei neue ersetzt: die täglichen Kurztreffs, wöchentliche Spaziergänge und den Stammtisch.

- Vom Damals zum Heute:

(Abholen:) Vor vierzig Jahren war das Mitarbeitergespräch noch unbekannt. Die gegenseitigen Erwartungen kommunizierten sich quasi von selbst: Man war eingebunden in ein stabiles System und wurde eng geführt. (Hinüberführen:) Heute, in der Wissensökonomie, ist das alles komplizierter ...

- Vom Allgemeinen zum Besonderen:

(Abholen:) Zu allen Zeiten war die Kommunikation zwischen verschiedenen Hierarchiestufen schwierig. Wenn einer Macht über den anderen besitzt, versperren Ängste und Hintergedanken das offene Gespräch. (Hinüberführen:) Dies gilt auch – und immer noch –, wenn der Vorgesetzte sich alle halbe Jahre mit seinem Mitarbeiter zusammensetzt ...

- Vom Besonderen zum Allgemeinen:

(Abholen:) Genau um 8 Uhr 25 klopft Rita an die Tür ihres Chefs. Der winkt sie wortlos zu sich. Sein Blick ruht weiter auf dem Selbstbeurteilungsbogen, den sie vor einer Woche eingereicht hatte. Zehn Sekunden später schaut er sie an und meint: „Sie meinen also, Sie seien zu perfektionistisch." (Hinüberführen:) So unangenehm kann ein Mitarbeitergespräch beginnen ...

- Vom Problemszenario zur Lösung:

(Abholen:) Der Vorgesetzte hat oft keine Ahnung, was er im Mitarbeitergespräch erreichen soll. Im Stillen denkt er, ein Plausch an der Tür hätte es auch getan. Der Mitarbeiter denkt schlimmstenfalls, man wolle ihn verhören. Und so verbringen beide nur peinliche Zeit miteinander. (Hinüberführen:) Mitarbeitergespräche haben nur dann Erfolg, wenn alle im Unternehmen eine einheitliche und partnerschaftliche Führungskultur leben und diese anhand klarer Kriterien täglich trainieren.

- Vom „falschen Paradieszustand" zum Problem:

(Abholen:) Der Chef fragt: „Und? Wie läuft's denn so?"
Der Mitarbeiter: „Gut."

Der Chef: „Liegt Ihnen sonst noch irgendwas auf dem Herzen?"
Der Mitarbeiter: „Nö, eigentlich nichts."

Der Chef: „Na dann, Sie wissen ja, meine Tür steht immer offen."
Der Mitarbeiter: „Danke, das weiß ich zu schätzen.

(Hinüberführen:) Viele Chefs geben sich mit Mitarbeitergesprächen dieser Art zufrieden. Doch solche Begegnungen sind nicht nur Zeitverschwendung, sondern schädlich.

- Vom Wunsch zur Verheißung:

(Abholen:) Ein Mitarbeitergespräch, das zu neuen Höchstleistungen motiviert, ist nicht nur möglich, sondern sollte Standard sein. (Hinüberführen:) Es kostet zwar etwas Vorarbeit, aber der Nutzen ist enorm: für den Chef, den Mitarbeiter und für das Unternehmen.

Wählen Sie aus diesen Varianten diejenige aus, die Ihnen geeignet scheint. Das Prinzip dieses Brückenbauens ist immer das Gleiche und recht einfach: Sie beginnen mit etwas, mit dem der Leser leicht mitgehen kann, und führen ihn dann zu Ihrem Thema hinüber. Wenn Sie Ihren Leser dort haben, können Sie ihm Orientierung darüber geben, was ihn im bevorstehenden Austausch erwartet, zum Beispiel mit einer rhetorischen Frage, einer Antwort darauf und weiteren Hinweisen:

> Wie kann das Mitarbeitergespräch die Motivation beflügeln?
> Unsere Umfrage nennt drei wesentliche Faktoren: eine klare Zielsetzung, ein gefestigtes Vertrauensverhältnis und eine positive Grundstimmung im Unternehmen. In Teil 1 erfahren Sie, was Mitarbeiter unter Vertrauensverhältnis verstehen ...

Sich warmschreiben

Wenn Sie den Schreibtisch sauber gemacht, alle Bleistifte gespitzt, sich den zweiten Kaffee geholt, aber immer noch nichts geschrieben haben, dann gehen Sie am besten so vor:

1. Sie gehen nicht direkt auf die Seite, an der Sie schreiben sollten, sondern nehmen ein Blatt Papier oder öffnen eine neue Datei.
2. Sie beschreiben, was heute beim Schreiben ansteht, als würden Sie diese Aufgabe an einen anderen delegieren. Nennen Sie die Probleme, die Sie für die kommende Schreibsession sehen; schreiben Sie, welche Lösungen Ihnen einfallen. Schreiben Sie ohne Unterbrechung. Sie dürfen stammeln, schlecht schreiben, sich wiederholen – meistens kommt man nach ein paar Minuten in ruhigeres Fahrwasser.
3. Wenn Sie drin sind, schreiben Sie einfach weiter und bauen das Geschriebene später in Ihren Stammtext ein.
4. Oder Sie wechseln nach den fünf Minuten zu Ihrem Stammtext und nutzen den Schwung dort gleich weiter.

Mit diesem kleinen Trick vermitteln Sie Ihrem Wilden, dass es noch nicht ernst ist mit dem Schreiben, sondern eine Art Vorstufe, auf der er spielen darf.

Ideenpapier bereithalten

Oft kommen die Gedanken nicht schön der Reihe nach, so wie es Ihre Struktur vorschreibt, sondern in merkwürdigen Sprüngen. Ihr Wilder produziert Ideen für eine frühere oder spätere Textstelle oder für einen völlig anderen Text. So bringen Sie ihn möglichst schnell wieder zur aktuellen Textbaustelle:

1. Legen Sie sich beim Schreiben stets ein Blatt Papier oder einen Stapel Karteikarten zurecht.
2. Kommt Ihnen eine unpassende Idee, schreiben Sie einfach dort weiter und kehren danach wieder zu Ihrem Stammtext zurück.
3. Um die festgehaltenen neuen Ideen kümmern Sie sich nach dem Schreiben.

Allein schon die Tatsache, dass Sie für extra Ideen auch extra Papier bereithalten, beruhigt Ihren Wilden. Meistens werden seine Gedankensprünge dann seltener und er arbeitet mit Ihnen konzentriert an der momentanen Aufgabe.

Sollte er dennoch eine außerplanmäßige Idee liefern, wird der Schreibfluss nicht durch langes Herumsuchen oder Grübeln unterbrochen: Sie notieren die Idee und dann geht es wieder weiter im Stammtext.

Aussteigen und neu fokussieren

Wenn die Hände länger als zehn Minuten regungslos verharren, wenn jeder neue Anlauf sofort wieder gelöscht wird, wenn sich im Kopf die Gedanken immer wieder verhaken – dann wird es Zeit, sich neuen Raum zu schaffen:

1. Legen Sie sich ein Blatt Papier zurecht.
2. Gießen Sie die Pflanzen oder gehen Sie ein paar Schritte oder spülen Sie ein paar Tassen in der Teeküche. Aber reden Sie mit niemandem.
3. Dann nähern Sie sich dem Papier und wenden eine dieser beiden Methoden an:
   Stellen Sie sich vor, Sie schreiben an einen Freund. Schildern Sie ihm in einfachen Worten, was Sie gerade vorhaben, mit welchem Problem Sie gerade kämpfen und wie man es lösen könnte.
   Oder machen Sie eine Skizze von dem, was Sie gerade beschäftigt. Spielen Sie mit Stichworten, Zeichen, Symbolen und ordnen Sie diese so an, dass sich daraus ein Weg für Ihren Text ergibt.
4. Sobald sich ein Lösungsweg abzeichnet, kehren Sie wieder zu Ihrem Stammtext zurück und schreiben dort weiter. Sollte die Lösung nicht tragen, machen Sie auf dem Ausweichpapier weiter, bis Sie eine neue Lösung finden.

Wie ein Gärtner arbeiten

Im letzten Arbeitsstadium haben Sie Ihr Material strukturiert, also in einzelne Kapitel oder Abschnitte geordnet. Eine gute Struktur erlaubt Ihnen, an mehreren Stellen gleichzeitig zu schreiben. Aus einem langen Text, der oft furchterregend sein kann, machen Sie mehrere kleine. Sie können zuerst die Teile schreiben, die Ihnen gerade leicht von der Hand gehen. Später schreiben Sie die schwierigeren Teile, während Sie die bereits geschriebenen überarbeiten. So bearbeiten Sie Ihren Text wie einen Garten: Sie arbeiten an mehreren Beeten zugleich, die Pflanzen darauf wachsen unterschiedlich schnell und brauchen mal mehr, mal weniger Pflege.

Sie arbeiten also nicht mehr in einem linearen Schreibprozess (erst dies, dann das), sondern in mehreren, parallel laufenden Arbeitsstadien: Während Sie beispielsweise gerade an Kapitel 3 schreiben, müssen Sie für Kapitel 4 noch etwas nachrecherchieren, aber Kapitel 2 haben Sie bereits geschrieben und können es überarbeiten. Bei längeren Texten hat diese Arbeitsweise folgende Vorteile:

- Wenn an einer Textstelle momentan nichts geht, können Sie woanders weiterarbeiten. So bleibt der Schwung erhalten und oft findet sich nach dieser Unterbrechung eine Lösung für das ursprüngliche Problem.
- Sie müssen nicht mit dem Anfang beginnen, der oft sehr schwerfällt. Fangen Sie dort an, wo gerade am meisten Energie ist. Anfänge für längere Texte fallen oft leichter, wenn deutlicher wird, was im Hauptteil steht.

- So wie ein Gärtner je nach Wetter, Tagesform und den Bedürfnissen seiner Pflanzen handelt, können auch Sie flexibel und entspannt arbeiten: Mal sind Sie besser gestimmt zum Schreiben für dieses, mal für jenes Kapitel. Oder Sie sind eher zum Überarbeiten aufgelegt oder recherchieren noch etwas, weil eine bestimmte Stelle nicht überzeugt. Irgendetwas geht immer!
- Sie arbeiten viel effektiver, denn die verschiedenen Teile, die Sie bearbeiten, wirken aufeinander ein. Steht ein Kapitel im Rohbau, „informiert" es ein anderes, was bislang vielleicht schwer von der Hand ging, und neue Ideen und Lösungen tauchen auf.

Halten Sie sich aber nicht allzu lange beim Überarbeiten Ihres Rohtextes auf. Oberstes Ziel ist es, den Rohtext so zügig wie möglich fertigzustellen. Vor allem dann, wenn Sie zu Perfektionismus neigen und sich in Details verbeißen: Finger weg vom Rohtext, bis Sie komplett mit ihm durch sind!

Gut aufhören – gut wieder einsteigen

Bei längeren Schreibprojekten ist es weniger wichtig, wie viel Sie während einer einzelnen Schreibsession zu Papier gebracht haben. Viel wichtiger ist es, so aufzuhören, dass Sie mit einem guten Gefühl wieder einsteigen können. Schreiben hat viel mit Ausdauersport gemeinsam. Powern Sie sich nicht so aus, dass Sie beim nächsten Mal geschwächt oder völlig lustlos antreten müssen.

Wenn Sie jedoch beim Schreiben auf ein größeres Problem gestoßen sind, kneifen Sie nicht, sondern lösen Sie es noch in der Schreibsession, in der es entstanden ist. Sollten dazu Kraft und Zeit nicht mehr reichen, beschließen Sie Ihre Session zumindest mit der Arbeitstechnik *Aussteigen und Fokussieren.* Damit kreisen Sie das Problem ein und skizzieren erste Lösungswege. Sie verlassen dann den Schreibtisch mit wesentlich mehr Zuversicht, dass es in der nächsten Schreibsession zügig weitergehen wird.

3.5 Text überarbeiten

Ziel: Ihren Text so wirksam und leserfreundlich wie möglich machen.

Modus: In diesem Stadium regiert Ihr Chef.
Ihr Wilder darf mitentscheiden, hält sich aber im Hintergrund.

Techniken: 17 Checks.

Beim Überarbeiten (oder Redigieren oder Lektorieren) prüfen Sie Ihren Rohtext, wie respektvoll, klar, verständlich und dicht er bereits ist, und verbessern ihn. Fürs Prüfen bekommen Sie nun 17 Fragen (Checks) an die Hand, mit denen Sie Ihren Text systematisch abklopfen können. 17 Checks – das klingt nach einer Ochsentour, ist aber halb so wild: Die meisten Checks verinnerlichen Sie bereits nach einmaligem Lesen. Außerdem folgen die Checks einer praktikablen Logik. Sie nehmen sich zuerst die Absätze vor, dann die Sätze und schließlich Ihre Wortwahl. Fürs Verbessern finden Sie Tipps, Beispiele und Anleitungen zu jedem Check.

Oft nimmt das Überarbeiten mehr Zeit in Anspruch als das Rohtext-Schreiben. Für ungeduldige Schreiber mag dies frustrierend sein, aber in diesem Stadium lernen Sie die wertvollsten Dinge über das Schreiben, Ihr Thema, Ihren Leser und Ihre Haltung. In diesem Stadium bilden Sie das aus, was einen kompetenten Schreiber ausmacht: eine zusätzliche Perspektive (die Ihres Lesers), handwerkliche Routine und Stilempfinden.

Was Sie beim Überarbeiten lernen und verbessern, fließt automatisch in Ihre nächsten Rohtexte ein, manches sofort, manches mit der Zeit. Sie werden also, wenn Sie dieses Arbeitsstadium ernst nehmen, immer besser und schneller. Bald werden Sie herausfinden, was Sie beim Schreiben bereits intuitiv tun, worauf Sie noch besonders achten müssen, welche Checks für den momentanen Text besonders wichtig sind und welche nicht. Dann überarbeiten Sie nach Ihrem eigenen Modus und Empfinden.

Was Sie stets fürs Überarbeiten brauchen, ist ein frischer Blick für den Text. Es ist schwierig, sich dem eigenen Text wie ein Fremder zu nähern, deshalb einige Tipps dazu:

- Zwischen den Stadien *Rohtext schreiben* und *Text überarbeiten* können Sie sich gerne anderen Aufgaben widmen. Tun Sie alles, um Abstand vom Text zu gewinnen – am wirksamsten sind Gespräche, in denen Sie sich anderen Problemen zuwenden. Lassen Sie den Text ruhen, so lange es die Zeit erlaubt.
- Formatieren Sie den Text um. Verstellen Sie die Schrift, den Zeilenabstand und die Seitenränder.
- Wenn möglich, drucken Sie zum Überarbeiten den Text aus und wechseln Sie den Ort. Setzen Sie sich mit dem Text und einem Stift in die Caféteria, auf eine Parkbank oder an einen anderen Schreibtisch.

Check 1: Dient mein Anfang dem Leser?

Jetzt, nach dem Schreiben, kennen Sie den gesamten Text und können nun viel entspannter prüfen, ob der Anfang seinen Zweck noch immer erfüllt. Jetzt lässt sich klarer unterscheiden, was überflüssiger Vorlauf ist und wann der Text wirklich anfängt. So wie hier:

> Sehr geehrte ...,
>
> das Vertriebsnetz der MM-Line arbeitet seit 2004 sehr erfolgreich mit dem Dienstleister Xenotec zusammen. Xenotec stellt den Außendienstmitarbeitern eine komfortable und schnelle Möglichkeit der elektronischen Übermittlung von Vertragsdaten zur Verfügung. *Wir möchten es möglich machen, dass jeder Außendienstmitarbeiter seine Vertragsdaten auch von seinem Laptop übermitteln kann.*

Beginnen Sie genau dort, wo der Leser begreift, was der Text mit ihm zu tun hat. Den Vorlauf streichen Sie oder bringen ihn später unter.

Texte im Arbeitsleben sollten ein freundliches, offenes Klima herstellen, gerade dann, wenn Probleme anstehen. Anfänge wie der folgende produzieren negative Emotionen und blockieren den Weg für neue Lösungen:

Sehr geehrte ...,

Sie überraschen uns immer wieder – leider nie positiv. Wie lange soll das nun so weitergehen? Heute fiel die Telefonanlage mehrere Stunden aus.

Der Leser beschäftigt sich nun unwillkürlich mit seinem Getroffensein und nicht mit Ihrem Problem. Lieber die negative Einleitung streichen und sagen, was man will:

Sehr geehrte ...,

heute fiel die Telefonanlage mehrere Stunden aus. Wir möchten gerne, dass dies nicht mehr passiert.

Am Anfang Ihres Textes entscheidet sich, ob Ihr Leser den Text gerne oder widerwillig liest oder gleich wieder weglegt. Mit einem wirksamen Anfang erreichen Sie, dass der Leser sich für Ihr Anliegen öffnet. Bei kurzen Texten wie Briefen geschieht dies in der Betreffzeile und im ersten Absatz, bei längeren auf der ersten Seite.

So prüfen Sie Ihren Text:

- ☐ Ab wann erkennt der Leser, was der Text mit ihm zu tun hat? Machen Sie einen Test: Streichen Sie die erste Zeile. Hat Ihr Text jetzt mehr Wucht? Ist er trotzdem noch verständlich? Oft ist die zweite Zeile eigentlich die erste, manchmal sogar die dritte oder vierte.
- ☐ Was könnte Ihr Leser während der ersten Zeilen empfinden? Empfindet er mit hoher Wahrscheinlichkeit das, was er gemäß Ihrer Absicht auch empfinden soll? Oder könnte er etwas missverstehen?
- ☐ Wenn der Text länger ist: Im Arbeitsstadium Rohtext schreiben haben wir über die Brücke gesprochen, auf der Sie den Leser abholen und zu Ihrem Thema hinüberführen. Jetzt kennen Sie Ihren Text besser und können die Brücke noch einmal testen. Passt sie noch für Ihren Text? Führt sie den Leser zielstrebig hinüber? Weckt sie genug Neugier? Wenn Sie sich nun eine bessere Brücke vorstellen können, probieren Sie neue Varianten aus, bis Sie zufrieden sind.

Check 2: Hat mein Leser genügend Raum?

Absätze sind in einem Text das, was Pausen im Gespräch sind. Zwischen zwei Absätzen kann der Leser innehalten, sein Denken neu ausrichten, sich etwas Bestimmtes vorstellen, Emotionen nachspüren oder einfach nur Luft holen. Auch wenn sie nur Sekundenbruchteile dauern mögen: Diese Pausen im Text sind wichtig, ohne sie fühlt sich der Leser „zugetextet", also missachtet. Wenn Sie sehr gut fabulieren können, hält er vielleicht 25 Zeilen durch, danach hält er Sie garantiert für anstrengend und wendet sich ab. Als Faustregel gilt: Bei Briefen oder Kurztexten gelten alle Absätze über 8 Zeilen (80 Worte) als lang, bei längeren Texten alle über 20 Zeilen (200 Worte).

Schon beim ersten Blick auf bedrucktes Papier wirken wohl dosierte, eher kurze Absätze viel einladender als dicke Textblöcke. Sie suggerieren Ihrem Leser leichte, appetitliche Kost – unabhängig davon, wie verdaulich der Inhalt tatsächlich sein mag.

So prüfen Sie Ihren Text:

- ☐ Schauen Sie alle langen Absätze genauer an. Wo könnten Sie teilen? Wo hat sich Ihr Leser eine Pause verdient? Warum nicht dort einen neuen Absatz beginnen?
- ☐ Ein Absatz ist dann eine sinnvolle Einheit, wenn er zu Beginn einen neuen Impuls setzt, ihn dann weiter ausführt und am Schluss festigt. Prüfen Sie: Haben Sie mitten in einem langen Absatz etwas Neues begonnen? Dann können Sie an dieser Stelle neu ansetzen.
- ☐ Manchmal ist ein Absatz deshalb so lang geraten, weil er lange Aufzählungen oder gewundene Zusammenhangschilderungen enthält. Prüfen Sie: Könnte man den Sachverhalt durch eine Liste, eine Tabelle oder eine kleine Grafik prägnanter darstellen?

Check 3: Führe ich gut von Absatz zu Absatz?

Mit Absätzen signalisieren Sie Ihrem Leser: Neues Gelände, hier musst du springen! Die Sprünge zwischen den Absätzen sollten zwar nicht allzu abenteuerlich sein, sonst verwirren Sie Ihren Leser. Meistens jedoch macht eher das Gegenteil Probleme: Wenn Sie dem Leser gar nichts zumuten. Es ist langweilig, im Absatzanfang den vorherigen Absatz noch einmal breitzutreten. So wie hier:

> Führung war vor 40 Jahren noch kein Thema. Die Erwartungen waren klar, die Hierarchien eindeutig, die Märkte gesichert und die „Kultur" des Führens wurde bestimmt durch das Temperament des Chefs. Heute haben wir unberechenbare Märkte, verschärften Wettbewerb, flache Hierarchien und Mitarbeiter, die sich nicht mehr durch Befehl und Kontrolle managen lassen.
> *Unter diesen Umständen ist es sehr schwierig geworden, Führung auszuüben.* Wie führt man unter diesen Rahmenbedingungen?

Das Fazit braucht man dem Leser nicht mehr vorzutexten. Also lieber gleich mit der Frage beginnen:

> Heute haben wir unberechenbare Märkte, verschärften Wettbewerb, flache Hierarchien und Mitarbeiter, die sich nicht mehr durch Befehl und Kontrolle managen lassen.
> Wie führt man unter diesen Rahmenbedingungen?

Manchmal ist der Sprung in den nächsten Absatz verbesserungswürdig, so wie hier:

Diese Kundengruppe fährt ihre materiellen Bedürfnisse auf ein Minimum zurück, gibt dafür extrem viel für Gesundheit und Muße aus.
Wenn dies ein echter Trend ist, dann müssen wir unsere Produkte neu gestalten. Deshalb untersucht unsere Marketingabteilung gerade, wie schnell *diese Kundengruppe* wächst, was sie tut und wovon sie träumt.

Der Leser landet geschmeidiger im nächsten Absatz, wenn Sie so umstellen, dass der zentrale Begriff des vorherigen Absatzes vorn steht:

Diese Kundengruppe fährt ihre materiellen Bedürfnisse auf ein Minimum zurück, gibt dafür extrem viel für Gesundheit und Muße aus.
Wie schnell *diese Kundengruppe* wächst, was sie tut und wovon sie träumt – das untersucht gerade unsere Marketingabteilung. Sollten wir es hier mit einem echten Trend zu tun haben, dann müssen wir unsere Produkte neu gestalten.

Ebenfalls einen engeren Bezug zum nächsten Absatz stellen einleitende Formulierungen her wie:

Im Gegensatz dazu ...
Doch auch ...
Zunächst ...
Weiterhin ...
Inzwischen ...
Zu ganz anderen Ergebnissen kommt ...
Erste Beispiele gibt es ...

So prüfen Sie Ihren Text:

- ☐ Lesen Sie alle Absatzenden und die darauf folgenden Absatzanfänge. Landen Sie gut im nächsten Absatz? Fängt der neue Absatz spannend genug an?
- ☐ Wenn der nächste Absatz zu lahm beginnt: Streichen Sie, bis es spannend wird. Streichen Sie vor allem überflüssige Fazits.
- ☐ Wenn der Absatzanfang verwirrt: Stellen Sie einen engeren Bezug zum vorherigen Absatz her. z. B. durch Umstellen oder durch einleitende Formulierungen.

Check 4: Weisen meine Überschriften den Weg?

Überschriften helfen Ihrem Leser, sich im Text zurechtzufinden und reizen zum Lesen und Weiterlesen. Sie kündigen an, was die nächste Lese-Etappe bereithält. Sie bieten in ihrer Gesamtheit eine Art Schnellspur, auf der sich der Leser einen ersten Eindruck verschafft. Deshalb lohnt ein weiterer Blick auf Ihre Überschriften.

So prüfen Sie Ihren Text:

- ☐ Gibt es in Ihrem Text eine längere Lesestrecke, die verschiedene Themen anspricht? Gibt es irgendwo einen zu großen Sprung von einem Absatz zum anderen? Hier könnte eine zusätzliche Überschrift hilfreich sein.

So prüfen Sie Ihren Text:

- ☐ Lesen Sie nur die Überschriften der Reihe nach durch. Wie klingen sie? Springen Frageform, abstrakte und konkrete Wegweiser durcheinander? Ihr Text wirkt griffiger, wenn Sie durchgängig nur eine Überschriftenform verwenden. Entscheiden Sie sich für eine Form und passen Sie ihr alle Überschriften an. Nur der Titel oder die erste Überschrift können problemlos aus dieser einheitlichen Form ausscheren.
- ☐ Sind Ihre Überschriften zwar recht originell, aber wenig aufschlussreich formuliert? Für unterhaltende oder werbende Texte mögen Überschriften passen, die noch nichts verraten und Neugier wecken. Für alle anderen Texte im Arbeitsleben irritieren nichts sagende Überschriften eher. Formulieren Sie deshalb Ihre Überschriften lieber so, dass der Leser erkennen kann, was ihn erwartet.
- ☐ Wie lang sind Ihre Überschriften? Jede Überschrift, die mehr als eine Zeile füllt, verliert ihre Attraktivität und ihre Wegweiserfunktion. Kürzen Sie also alle Überschriften auf das Notwendige.

Check 5: Wo schreibe ich am Leser vorbei?

Unsere Texte entstehen ohne ein Gegenüber, das uns unmittelbar widersprechen oder auf die Sprünge helfen könnte. Wir schreiben meistens allein und so konzentrieren wir uns erst einmal auf uns selbst, auf unser Wissen, unser Anliegen und unsere Ideen. Da passiert es leicht, dass wir beim Schreiben den Leser aus den Augen verloren, also nicht respektiert haben. Jetzt, beim Überarbeiten, können Sie Respekt üben. Sie versetzen sich in die Perspektive des Lesers. Sie denken darüber nach, wie er Ihrem Anliegen gegenübersteht und wie er auf jeden Absatz reagieren würde. Sie stellen fest, was noch fehlt, um ihm noch besser entgegenzukommen, um ihn noch stärker zu überzeugen.

Bei Texten im Arbeitsleben respektieren Sie also stets zwei Perspektiven, Ihre eigene und die des Lesers. Das haben Sie bereits im Arbeitsstadium *Struktur schaffen* getan, wenn Sie nach dem Prinzip des vorausgeahnten Gesprächs oder dem Prinzip der Pyramide gearbeitet haben. Nun können Sie genauer prüfen, wie Ihr Text mit den beiden Perspektiven umgeht.

Wenn Sie die direkte Anrede gewählt haben, dann ist leicht feststellbar, welche Perspektive überwiegt: Alle Pronomina der ersten Person (ich/wir/mein/mich/uns …) verweisen in ihrer Häufung auf die eigene Perspektive:

Sehr geehrte Damen und Herren,

seit 25 Jahren stehen *unsere* Möbel für Lebensqualität. *Unsere* Erfahrung und eine nie nachlassende Leidenschaft lassen *uns* Möbel und Accessoires entwerfen, die dem Wandel von Wetter, Moden und Jahren gewachsen sind. Mit einem Komfort, der *unsere* Kunden vom Katalog über die individuelle Beratung bis in den Garten begleiten soll.
In diesem Vierteljahrhundert wuchs *unsere* Kollektion – von einfachen Holzmöbeln zu einer Vielfalt an Formen und Stoffen. *Wir* haben *uns* zum Ziel gesetzt, neue Materialien mit *unseren* bewährten Designs ideal zu kombinieren.

Dieser totale Wir-Stil respektiert die Perspektive des Lesers überhaupt nicht. Spätestens nach zwei Sätzen entsteht der Eindruck von Selbstbezogenheit oder gar von Selbstbeweihräucherung. Der Leser fühlt sich außen vor und unpersönlich behandelt.

Im Gegensatz dazu verweisen alle Pronomina der zweiten Person (du/Sie/dich/dir/Ihnen …) auf die Perspektive des Lesers, so wie hier:

Sichern *Sie* sich heute eine ständige Finanz-Reserve –
und *Ihre* kostenlose Prontocard!

Sehr geehrter Herr Jäger,

mit *Ihrem* kostenlosen Stand-by-Konto der Pronto Bank können *Sie* sich jetzt ganz einfach ein finanzielles Polster verschaffen. So leicht, bequem und günstig war es noch nie für *Sie*, sich *Ihren* Wunschbetrag sofort abzurufen: Ergänzen *Sie* einfach den beiliegenden Kontoantrag …

Dieser Sie-Stil kann funktionieren, wenn ein Produkt im Vordergrund steht und der Schreiber virtuos auf der Klaviatur der Leserbedürfnisse zu spielen vermag. Deshalb bevorzugen ihn vor allem Werbebrieftexter. Doch selbst für werbende Texte bringt der Sie-Stil einige Nachteile: Groß ist die Gefahr, dass der Leser sich abwendet, weil er sich zu heftig „angetextet" fühlt, weil er seine Bedürfnisse falsch reflektiert sieht oder weil er diese Masche bereits satt hat. Vor allem jedoch entsteht keine Verbindlichkeit zwischen Schreiber und Leser, weil sich der Schreiber hinter seinem Angebot versteckt. Deshalb wirken solche Texte meistens genauso unpersönlich wie der ausschließliche Wir-Stil.

Ganz anders klingt es, wenn die Pronomina der ersten und der zweiten Person in einem ausgewogenen Verhältnis zueinander stehen:

Sehr geehrter *Herr Jäger*,

Sie haben sich für einen Aufenthalt in *unserem* Hotel entschieden –darüber freuen *wir uns*. Vielen Dank! Was können *wir* während dieser drei Tage Gutes für *Sie* tun? Wissen *Sie* bereits, dass *wir unser* Wellness-Angebot erweitert haben? Schauen *Sie* doch mal in *unseren* neuen Prospekt! Übrigens – *wir* haben nachgesehen: Es ist bereits *Ihr* zehnter Aufenthalt bei *uns*. Für *Ihre* Treue bedanken *wir uns* und laden *Sie* ein zu einem …

Durch den ständigen Wechsel zwischen „Wir" und „Sie" wird der Text lebendig und stellt Verbindlichkeit her. Für die meisten Texte mit direkter Anrede fahren Sie damit am besten. Wenn Sie die Extreme des totalen Wir-Stils oder des Sie-Stils vermeiden, dann können Sie sicher sein, dass Sie die zwei Perspektiven berücksichtigt haben: Ihre eigene und die Ihres Lesers.

Wie steht es mit den sachorientierten Textsorten, in denen es kein „ich" und „Sie" gibt? In diesen Texten treten Schreiber und Leser in den Hintergrund und man einigt sich auf eine dritte Perspektive: Man lässt die Dinge und Vorgänge möglichst für sich sprechen. Statt „ich" und „Sie" gibt es „man" oder das „einbindende Wir" („wir sehen also …"). Es gibt durchaus Situationen, in denen ein unpersönlicher Sachstil angemessen ist, zum Beispiel dann, wenn Sie über ein Geschehen berichten, an dem Sie nicht direkt beteiligt waren. Oder wenn Sie Ergebnisse ohne eigene Bewertung präsentieren wollen. Oder wenn – wie in der Wissenschaft – die Spielregeln klar sind, wie ein bestimmter Gegenstand zu betrachten und zu behandeln ist. Bestenfalls gewährt der Sachstil dem Leser einen neutralen Raum zum Nachdenken und Beurteilen. Schlimmstenfalls täuscht er die Objektivität nur vor, manipuliert durch eine geschickte Auswahl von Tatsachen oder stellt etwas als gegeben hin, was doch nur auf persönlichen Entscheidungen beruht.

Auch der Sachstil entbindet nicht von der Pflicht, Ihren Text von zwei Perspektiven zu bearbeiten. Wie bei der direkten Anrede achten Sie darauf, dass der Leser Ihren Schritten folgen kann und will.

So prüfen Sie Ihren Text:

- ☐ Gibt es Absätze, die Ihnen großen Spaß gemacht haben und deshalb im Verhältnis zum gesamten Text zu lang geraten sind? Wenn ja: Was davon ist unbedingt notwendig, damit Ihr Leser weiterkommt, aber nicht unnötig aufgehalten wird? Den Rest bitte streichen oder aufheben für einen anderen Text.
- ☐ Gibt es Absätze, die Ihnen sehr gefallen, weil dort Sie oder Ihr Wissen gut dastehen? Tun diese Stellen etwas zur Sache? Interessieren sie auch Ihre Leser? Wenn nein: streichen!
- ☐ Gibt es Stellen, an denen wie in einem Gespräch Ihr Leser einhaken würde? Zum Beispiel: Weil ein Widerspruch auf der Hand liegt, weil er Ihre Ausführungen ohne Hintergrundwissen nicht versteht oder weil er einfach wissen will, warum etwas so wichtig ist. Prüfen Sie Absatz für Absatz, ob Ihr Leser noch etwas braucht. Und wenn das der Fall ist, dann ergänzen Sie oder schreiben Sie die betroffenen Stellen noch einmal für Ihren Leser um.
- ☐ Wenn Sie die direkte Anrede gewählt haben: Gibt es zu viel „Ich/Wir?" Oder gibt es zuviel „Du/Sie?" Wie klingen die einzelnen Passagen in Ihren Ohren? Können Sie den Text verbindlicher machen, indem Sie das Verhältnis ausbalancieren?
- ☐ Wenn Sie den Leser häufig direkt ansprechen: Haben Sie ihm irgendwo im Text etwas unterstellt, was er sich gar nicht unterstellen lassen will? Das gilt fast immer bei negativen Unterstellungen, seien sie auch noch so gut gemeint („Sicher haben Sie auch manchmal Probleme damit, alles unter einen Hut zu kriegen ..."). Ihr Leser durchschaut diese Pseudo-Einfühlung sehr schnell und hält sie zu Recht für plumpe Manipulation. Sie kriegen Ihren Leser nur dorthin, wo er sowieso gerne sein will. Wenn Sie sich also nicht sicher sind, dann gestalten Sie die betreffenden Passagen lieber neutral.

Check 6: Wo sind meine Sätze schwer verständlich?

Jeder Satz bildet eine Handlung oder ein Geschehen ab. Dabei beantworten Subjekt und Prädikat die zwei wichtigsten Fragen beim Lesen: Wer handelt? Und was geschieht? Damit hätten wir den Satzkern. Sobald wir ihn erfasst haben, können wir alles Weitere im Satz leicht begreifen, so wie hier:

> *Sabine kocht* heute Abend eine Gemüsesuppe mit viel Knoblauch für ihre beiden Freundinnen in ihrer neuen Küche ...

Beim Lesen verlangt das Gehirn den Satzkern möglichst bald. Jeder Satz, der den Satzkern lange vorenthält, bremst, verwirrt und schwächt Ihren Text. Und jeder Satz, der den Satzkern möglichst bald liefert, beschwingt, erdet und kräftigt Ihren Text.

So einfach wäre das. Doch in deutschen Sätzen können Sie vor und zwischen den Satzkern viele nebensächliche Informationen unterbringen. „Stopfstil" nannte der Schriftsteller Ludwig Reiners diese Art des Schreibens. Weil die Grammatik das zulässt, kann man im Deutschen höchst korrekt und trotzdem höchst verwirrend schreiben. Hier ein Extrembeispiel:

> Das 1997 von Florian Frazer gegründete und seit 2000 an der New Yorker Börse notierte *Unternehmen Infratrack*, das sich von Anfang an auf Bilderkennungssoftware für die Sicherheit auf Flughäfen spezialisiert hatte und mittlerweile auch in Deutschland zu den Marktführern gehört, *stellte* gestern auf der Brüsseler Fachtagung AirSecuro6 eine revolutionäre Scan-Technik, die im Zusammenspiel mit einer optimierten Netzwerkarchitektur die Passagierkontrollen enorm beschleunigen würde, unter großem Beifall der anwesenden Fachwelt *vor*.

Gestopft hat der Schreiber an drei kritischen Stellen.

- *Vor dem Subjekt.* 35 Silben müssen wir warten, bis wir erfahren dürfen: Aha, das Unternehmen Infratrack also!
- *Zwischen Subjekt und Prädikat.* Erst nach weiteren 44 Silben wissen wir: Aha, das Unternehmen Infratrack stellt!
- *Zwischen der einen Hälfte des Prädikats und der anderen.* Deutsche Verben müssen wir oft teilen und so vergehen weitere 73 Silben, bis wir den Satzkern vollständig erfassen können: Das Unternehmen Infratrack stellt vor.

Das Stopfen wird immer dann gefährlich, wenn Sie an diesen drei Stellen mehr als 12 Silben unterbringen. Warum ist das so? Unser Kurzzeitgedächtnis funktioniert beim Lesen wie ein Kleinbus mit 12 Sitzplätzen, denn so viele Silben kann er mitnehmen bis zur nächsten Haltestelle. Die ist erst erreicht, wenn der Satzkern erfasst ist. Erst dann ist wieder Platz für neue Information. Wird unterwegs zum Satzkern zuviel gestopft, gibt es Gerangel im Bus und die Fahrgäste werden hinten wieder hinausgeschubst. Sprich: Der Leser ist überfordert, vergisst die gestopfte Information einfach oder muss den Satz mehrmals lesen.

Die Zwölf-Silben-Grenze hat sich als Faustregel bewährt. In der Praxis – und im Zweifelsfall – darf Ihr Bauchgefühl entscheiden. Sie werden schnell ein Gespür dafür entwickeln. Auch werden Sie schnell merken, dass Sie nicht an allen drei empfindlichen Stellen Informationen unterbringen können. Denn die Zwölf-Silben-Grenze gilt eigentlich für die gesamte Lesestrecke bis zu der Stelle, an der sich der Satzkern vollständig offenbart.

Wer es gern einfach haben will, für den kommt hier die goldene Regel für verständliche Sätze:

Bring den gesamten Satzkern möglichst schnell!

Wie lassen sich „verstopfte" Sätze reparieren? Einfach ist es, wenn sich die hineingestopften Informationen beim Überarbeiten als überflüssig erweisen. Dann genügt oft schon das Wegstreichen und der Satzkern rückt wieder so eng zusammen, dass an keiner kritischen Stelle mehr als zwölf Silben stehen. Wie gehen Sie jedoch vor, wenn Sie alle Informationen erhalten wollen? Dann zerlegen Sie den Satz und formulieren neue, kürzere Sätze mit einem kompakten Satzkern. Wie das gehen könnte, wird am eben gezeigten Extrembeispiel demonstriert. Aus dem Satzgestrüpp schneiden wir zuerst einmal den Satzkern und die unmittelbar notwendigen Informationen heraus:

Das *Unternehmen Infratrack stellte* gestern eine revolutionäre Scan-Technik *vor.*

Dann trennen wir: Was ist Hintergrundinformation? Was gehört zum aktuellen Geschehen? Letzteres brauchen wir zuerst:

... auf der Brüsseler Fachtagung AirSecuro6 ...
... die im Zusammenspiel mit einer optimierten Netzwerkarchitektur die Passagierkontrollen enorm beschleunigen würde ...
... unter großem Beifall der geladenen Experten ...

Wie lassen sich diese Textteile neu zusammenflicken? Hier ein Vorschlag:

Infratrack begeisterte gestern die Fachwelt. Auf der Brüsseler Tagung AirSecuro6 *präsentierte das Unternehmen* seine revolutionäre Scan-Technik und eine optimierte Netzwerkarchitektur. Damit *lassen sich Passagierkontrollen* enorm *beschleunigen.*

Das aktuelle Ereignis steht nun in einem kurzen, einleitenden Satz. Dann erfährt man den Ort und den Grund für die Begeisterung. Statt des geteilten Verbs „führte ... vor" steht nun das ungeteilte „präsentieren", was den Satzkern kompakt macht. Der Kürze zuliebe sind beide Innovationen einfach mit „und" verbunden. Der dritte Satz erwähnt kurz den Nutzen. Nun bleiben noch die Hintergrundinformationen:

Das 1997 von Florian Frazer gegründete und seit 2000 an der New Yorker Börse notierte ...
... das sich von Anfang an auf Bilderkennungssoftware für die Sicherheit auf Flughäfen spezialisiert hatte und mittlerweile auch in Deutschland zu den Marktführern gehört, ...

Daraus lassen sich folgende Sätze bilden:

Infratrack startete 1997, *ging* 2000 an die New Yorker Börse und erobert nun auch den Markt in Deutschland. Der *Gründer Florian Frazer* setzt konsequent auf Bilderkennungssoftware für die Flughafensicherheit.

Der erste Satz bringt mit drei Verben Dynamik in die Firmengeschichte. Da sich das Unternehmen „von Anfang an" spezialisierte, darf man getrost den Gründer dafür verantwortlich zeichnen – so geschehen im zweiten Satz. Aus dem Extrembeispiel haben wir nun Folgendes gemacht:

Infratrack begeisterte gestern die Fachwelt. Auf der Brüsseler Tagung AirSecur06 *präsentierte das Unternehmen* seine revolutionäre Scan-Technik und eine optimierte Netzwerkarchitektur. Damit *lassen sich Passagierkontrollen* enorm *beschleunigen*. *Infratrack startete* 1997, *ging* 2000 an die New Yorker Börse und *erobert* nun auch den Markt in Deutschland. Der *Gründer Florian Frazer setzt* konsequent auf Bilderkennungssoftware für die Flughafensicherheit.

Jeder Satz bringt den Satzkern möglichst schnell, an keiner kritischen Stelle stehen mehr als zwölf Silben. Der Text lässt sich zügig lesen, richtet im Kopf kein Chaos an und kommt mit 14 Wörtern weniger aus.

Diese Regel gilt auch für Nebensätze. Da in deutschen Nebensätzen das Verb immer am Ende steht, treibt es den Satzkern immer auseinander. Treibt er weiter als zwölf Silben, wird der Nebensatz schwer verständlich:

Herr Müller weist darauf hin, dass *er* die Unterlagen zur heutigen Besprechung bereits vor einer Woche per Kurier an alle Beteiligten zur Vorbereitung *geschickt hat*.

Den Satzkern treibt es ebenfalls immer dann auseinander, wenn Sie Hilfs- oder Modalverben verwenden wie *haben, sein, werden, dürfen, können, sollen, müssen, wollen* und *mögen*:

Herr Müller hatte die Unterlagen zur heutigen Besprechung bereits vor einer Woche per Kurier an alle Beteiligten zur Vorbereitung *geschickt*.

Herr Müller wird die Unterlagen für die nächste Besprechung in spätestens einer Woche per Kurier an alle Beteiligten zur Vorbereitung *schicken*.

Herr Müller wollte die Unterlagen für die nächste Besprechung in spätestens einer Woche per Kurier an alle Beteiligten zur Vorbereitung *schicken*.

Ob im Hauptsatz oder Nebensatz – das Lesen wird immer dann zur Qual, wenn Sie zu viel vor oder zwischen den Satzkern gestopft haben. Wenn Sie hingegen den Satzkern möglichst schnell liefern, dann erfasst der Leser problemlos jede Handlung und jedes Geschehen im Text.

So prüfen Sie Ihren Text:

- ☐ Nehmen Sie sich jeden Satz vor, der Ihnen zu lang oder schwer verständlich scheint. Prüfen Sie ihn an den drei empfindlichen Stellen: 1) vor dem Subjekt, 2) zwischen dem Subjekt und Prädikat und 3), wenn das Prädikat geteilt ist, zwischen seinen Teilen. Stehen an einer dieser Stellen mehr als zwölf Silben? Markieren Sie diese überlangen Stellen.
- ☐ Fragen Sie sich: Was ist in diesem Satz wirklich unverzichtbar? Bilden Sie daraus einen neuen Satz oder zwei.
- ☐ Fragen Sie sich dann: Welche weiteren Informationen braucht der Leser unbedingt? Bilden Sie daraus einen neuen Satz oder zwei.
- ☐ Fragen Sie sich bei allen übrigen gestopften Informationen: Braucht mein Leser die Information wirklich an dieser Stelle? Wenn nicht, streichen Sie.

Check 7: Wo sind meine Hauptsätze schwach?

Alle Sätze haben ein Kraftzentrum: den Hauptsatz. Nur dort sitzt die gesamte Energie. Nur von dort können Sie Ihre Information wirkungsvoll platzieren. Die angehängten Nebensätze steuern nur, geben aber keine zusätzliche Kraft mehr. Nebensätze schwächeln im Vergleich zu Hauptsätzen immer. In deutschen Nebensätzen steht das Verb immer am Schluss, deshalb haben Sie fast nie einen kompakten Satzkern. Wenn Sie also Ihre wichtigsten Aussagen in Nebensätzen platzieren, verlieren diese an Kraft. Umgekehrt gilt: Wenn Sie Nebensachen in Hauptsätzen platzieren, werden sie plötzlich wichtiger als Ihre Hauptaussage. Dies passiert sehr leicht bei Vorreitersätzen wie:

> *Es ist offensichtlich*, dass *Andrea* ein Haus mit fünf Zimmern, drei Bädern und einer riesigen Glaskuppel *baut*.

„Es ist offensichtlich“ bildet nun den Hauptsatz und die eigentlich wichtige Aussage; „Andrea baut“ ist in den Nebensatz gerutscht, mit 18 gestopften Silben dazwischen, weil das Verb erst am Ende steht. Mit solchen Satzeinleitungen verliert die Hauptaussage an Kraft. Dabei kann man sie fast immer so umschreiben, dass die Hauptaktion im Hauptsatz bleibt. Zum Beispiel mit neuen Formulierungen:

Aus:	**Machen Sie zum Beispiel:**
Es ist offensichtlich, dass *Andrea* ...	Ganz offensichtlich *baut Andrea* ...
Es besteht kein Zweifel, dass ...	Zweifellos ...
Der Verdacht liegt nahe, dass ...	Sehr wahrscheinlich ...
Hinzu kommt, dass ...	Zudem ... / Des Weiteren ...
Es verhält sich leider so, dass ...	Leider ...
Wir können schlussfolgern, dass ...	Letzten Endes ...
Das steht im Widerspruch dazu, dass ...	Im Gegensatz dazu ...

Wenn Sie den Vorreiter nicht umschreiben können oder wollen, gibt es noch die Doppelpunkt-Lösung:

> Wir können schlussfolgern*:*
> *Sony erobert* auch Marktanteile in ...

Oder Sie setzen Ihren Vorreiter als Bekräftigung nach hinten:

> *Siemens verkauft* seine Handy-Sparte,
> das ist nicht mehr zu ändern.

So kippt Ihre Hauptaussage nicht in den Nebensatz, sondern bleibt an der Stelle, wo sie die meiste Kraft besitzt.

Wo passiert es noch, dass Haupt- und Nebensachen unfreiwillig vertauscht sind? Hier ein Beispiel:

Die SPD, die gestern die Wahl in NRW verlor, steckt schon seit Jahren in einer Sinnkrise. Sie unterlag der CDU mit über 10 Prozent Stimmenanteil ...

Da es im Folgesatz immer noch um die Wahl geht, darf man annehmen, dass die verlorene Wahl die wichtigste Aussage ist. Deshalb heißt es besser:

Die SPD, schon seit Jahren in einer Sinnkrise, verlor gestern die Wahl in NRW. Sie unterlag der CDU ...

Nun steht die wichtigste Aussage wieder im Hauptsatz und der Einschub ist mit weniger als zwölf Silben noch leicht erfassbar.

So prüfen Sie Ihren Text:

- ☐ Fahnden Sie nach Sätzen, die mit Energie raubenden Vorreitern beginnen. Schreiben Sie den Satz so um, dass die Hauptsache im Hauptsatz steht und dort schnell erfassbar ist.
- ☐ Unterscheiden Sie Ihre Sätze nach dem Wichtigen und Nebensächlichen. Steht die wichtigste Aussage im Hauptsatz? Die wichtigste Aussage ist meistens die, die der Satz danach noch weiter ausführt.

Check 8: Wo grassiert die „Passivitis"?

Das Passiv ist jene Form, die den Handelnden versteckt und stattdessen das Objekt in den Vordergrund rückt, dem „etwas angetan wird". Texte, die an „Passivitis" kranken, lesen sich so:

... die Fragebögen *wurden* ohne Konsultation mit den Mitarbeitern *erarbeitet.*
Als Folge davon *wurde* von verschiedenen Seiten Kritik vorgetragen und die Kooperation *verweigert.* Es wurde *vorgeschlagen*, dass ein Gremium die Fragebögen noch einmal überarbeitet. Ihm *sollte* die letztendliche Entscheidungsbefugnis *zugebilligt werden.*

Für den übertriebenen Passiv-Stil gibt es zwei Motive: Der Schreiber will sich zurückhalten und die Sache in den Vordergrund stellen. Viel häufiger jedoch will der Schreiber absichtlich niemanden nennen, den man zur Verantwortung ziehen könnte, auch nicht sich selbst. So gilt fast immer: Je bürokratischer der Schreiber oder dessen Institution, desto passiver gestaltet er seine Texte.

Passive Sätze lesen sich grundsätzlich weniger kraftvoll als aktive. Sie strengen mehr an, denn unser Gehirn verarbeitet diese Konstruktion langsamer. Übertriebener Passiv-Stil übermittelt Vorgänge, die scheinbar von einer namenlosen Schicksalsmaschine gelenkt werden. Er wirkt deshalb unpersönlich, schafft eine ungesunde Distanz zum Geschehen und schläfert den Leser schnell ein. Wie anders wirkt ein Text, der die Handelnden klar benennt und aktiv gehalten ist:

... Die *Personalabteilung* hatte die Umfragebögen erarbeitet, ohne sich mit den *Mitarbeitern* abzustimmen. *Viele Mitarbeiter* reagierten darauf mit Kritik und mangelnder Kooperationsbereitschaft. Die *Firmenleitung* schlägt deshalb vor, dass ein Gremium *von drei Mitarbeitern mit dem Personalchef* die Fragebögen überarbeitet und sie für alle verbindlich absegnet.

Jetzt bevölkern wieder Menschen den Text, damit wird das Geschehen für den Leser transparent. Wenn er eingreifen will, weiß er jetzt, an wen er sich wenden kann. Wie im obigen Beispiel geschehen, ist es für die Texte im Arbeitsleben akzeptabel, sich selbst als Schreiber zu nennen. „Wir" und „ich" sind dabei nicht vertauschbar: „Ich" kennzeichnet immer den persönlichen Standpunkt; „wir" verweist hingegen auf den Konsens eines Teams, einer Abteilung oder Firma.

Wofür taugt die Passivform überhaupt? Sie leistet dann gute Dienste, wenn es tatsächlich unwichtig ist, den Handelnden zu nennen:

In unserer Straße sind viele neue Bäume gepflanzt worden.

Oder dann, wenn der Schreiber aus Höflichkeit nur indirekt auf Fehler und Versäumnisse des Lesers hinweisen will:

Der Ergebnisbericht wurde leider zu spät eingereicht, deshalb ...

Oder wenn der Schreiber Satzglieder aneinanderreiht und die Kontinuität wahren will:

Die neue Service-Card bietet eine Buchungsfunktion, passt in alle Geldautomaten und wird von unseren ausländischen Gästen gerne genutzt. (Statt: Die neue Service-Card bietet eine Buchungsfunktion, passt in alle Geldautomaten und unsere ausländischen Gäste nutzen sie gerne.)

Trotzdem bleibt die Tatsache: Das Passiv lähmt das Lesen. Schreiben Sie deshalb so wenige Passivsätze wie möglich. Oft lassen sich Passivsätze leicht umformulieren: Taucht der Handelnde sowieso auf, dann lässt sich der Satz problemlos ins Aktive drehen:

Die neue Trasse wird zusätzlich mit 4 Milliarden *Euro vom Bund bezuschusst.*

Der *Bund bezuschusst* die neue Trasse mit 4 Milliarden Euro zusätzlich.

Wenn sich im Passiv eine anonyme Gruppe versteckt, könnte man sie benennen:

Kurztrips *werden* überwiegend mit der Bahn *unternommen.*

Die meisten *Menschen/Mitarbeiter/Geschäftsreisenden nehmen* für Kurztrips lieber die Bahn.

Und so manche Passivform lässt sich durch ein neues Verb ersetzen:

Dieser Sprachführer wurde für Einsteiger geschrieben.

Dieser Sprachführer wendet sich an Einsteiger.

So prüfen Sie Ihren Text:

- ☐ Markieren Sie jede Passivkonstruktion. Überlegen Sie sich, ob der Handelnde wirklich so unwichtig ist. Tut er etwas zur Sache, dann nennen Sie ihn unbedingt.
- ☐ Ersetzen Sie, wo es geht, die Passivform durch eine aktive Formulierung.
- ☐ In Ihrem Text sollten nur wenige passive Sätze übrig bleiben.

Check 9: Erzeugen meine Verben Energie und Dynamik?

Unser Umgang mit Wörtern ist manchmal kurios: Bei Substantiven sind wir äußerst einfallsreich. Dann entstehen Wortmonster wie *Problembewältigungsstrategiefindungsansätze*, im Glauben, damit etwas präzise zu benennen. Doch Nicht-Eingeweihte fragen sich bei so einem Wort, ob es nur um *Probleme lösen* geht (und der Schreiber sich aufplustert) oder ob tatsächlich ein sehr komplexer Vorgang dahinter steckt. Sollte letzteres der Fall sein, kann der Leser diesen Vorgang kaum entschlüsseln. Denn für Vorgänge taugen Substantive kaum, auch wenn wir sie noch so kreativ aneinanderreihen. Substantive wirken im Text immer statisch, sie bringen keine Bewegung in den Text. Meistens werden sie auch nicht genauer, je länger sie sind, sondern noch schwerfälliger. Nur das Verb liefert einem Text die nötige Energie und Dynamik, nur das Verb bewegt etwas im Kopf des Lesers.

Das Merkwürdige ist dabei: So kreativ und präzise wir bei der Wahl der Substantive sind, so nachlässig und ungenau sind wir bei den Verben. Wir verwenden in der Regel eher lahme und vage Verben und so taumeln unsere Texte steif und sperrig auf den Leser zu.

Betrachten wir zuerst die gröbsten Nachlässigkeiten und wie einfach sie sich beheben lassen:

- Die Kombination „gewichtiges Substantiv + lasches Verb" in Formulierungen wie in *Erwägung ziehen, Verzicht üben, Leistung erbringen, Vorsorge treffen, Anstrengungen unternehmen.* Wer so schreibt, will die Handlung bedeutungsvoller erscheinen lassen, erreicht aber nur das Gegenteil: Die Bedeutung der Handlung verlegt er in das Substantiv, von dem keine Kraft ausgeht, während das Verb für sich genommen gar nichts mehr aussagt. In den allermeisten Fällen kräftigen Sie Ihre Sätze, wenn Sie die Handlung wieder vollständig ins Verb zurückholen. Schreiben Sie also lieber kurz und kraftvoll: *erwägen, verzichten, leisten, vorsorgen, sich anstrengen.*
- Die Kombination „Substantiv + abstraktes Verb" in Formulierungen wie einen *Kostenrückgang erwirken, Entlassungen durchführen, eine Gefährdung darstellen, es erfolgt die Wiederinkraftsetzung.* Charakteristisch für diese Formulierungen sind Verben, unter denen man sich nur vage eine Handlung vorstellen kann, wie erfolgen, bewirken, darstellen, beinhalten, und ein Substantiv, das meistens auf „-ung" endet. Verwenden Sie stattdessen lieber, wo es geht, ein anständiges, aussagekräftiges Verb, also z. B.: *die Kosten senken, entlassen, gefährden, es gilt wieder.*
- Die Kombination mit Modalverben wie sollen, müssen, können, dürfen, wollen, mögen. Modalverben sind oft unverzichtbar, um eine Handlung näher zu beschreiben, doch sie nehmen Ihren Sätzen den Schwung:

Die Teilnehmer *können* ab jetzt die Führungsstile gezielt *einsetzen*.

Dieser Satz klingt weniger kraftvoll als:

Ab jetzt setzen die Teilnehmer die Führungsstile gezielt ein.

Manche alten Höflichkeitsformen klingen ohne Modalverben genauso höflich:

Wir *möchten* Sie *bitten*, den Antrag ausgefüllt an uns zurückzuschicken.

Bitte *schicken* Sie den Antrag ausgefüllt an uns zurück.

- Die statische Beschreibung mit *haben* oder *sein*:

Herr Meier ist immer hilfsbereit.
Diese Maschine ist äußerst genau.
Der Rechner hat Solarzellen.
Unser Supermarkt hat einen Lieferservice.

Sätze wie diese bewegen nichts, aber doch mit präziseren Verben gewinnen sie an Dynamik:

Herr Meier hilft mir immer.
Diese Maschine stanzt äußerst genau.
Der Rechner läuft mit Solarzellen.
Unser Supermarkt liefert direkt ins Haus.

Mit diesen kleinen Änderungen reduziert sich bereits die Zahl der Substantive und die Verben bekommen mehr Aussagekraft. Wenn Sie zum Beispiel keine „Änderungen vornehmen", sondern einfach „ändern", werfen Sie Substantiv-Ballast ab. Grundsätzlich gilt: Je mehr Verben in Ihrem Text, desto mehr bewegen Sie im Kopf des Lesers. Etwa halb so viele Verben wie Substantive wären ideal, doch selbst ein Verhältnis von einem Verb auf vier Substantive würde so manchen Fachtext zum Tanzen bringen und sich dem Leser besser einprägen.

Die wirksamsten Verben, die Sie wählen können, sind die konkreten und körperlichen. „Schwitzende Verben" nennt sie der Schriftsteller Wolf Schneider. Sie lassen entweder eine Hand-Tätigkeit, eine Bewegung oder eine sinnliche Erfahrung aufleben, wie *hobeln, meißeln, entkernen, hasten, schnaufen, stemmen, schnitzen, nesteln, kratzen, stechen, wetzen, schleifen, hopsen, kitzeln, kriechen.* Bei abstrakten Sachverhalten finden solche Verben eher selten Verwendung, doch lassen Sie keine Gelegenheit dazu verstreichen. „Schwitzende Verben" beleben den Text und liefern dem Leser die Lust und Energie, die er zum Weiterlesen braucht.

So prüfen Sie Ihren Text:

- ☐ Wo häufen sich die Substantive? Wirken diese Stellen lahm oder sperrig? Könnten Sie diese Passagen mit mehr Verben und weniger Substantiven formulieren?
- ☐ Wo sind Worte auf „-ung"? Könnte man sie durch kraftvollere Verben ersetzen?
- ☐ Wo lässt sich ein „schwitzendes Verb" unterbringen?

Check 10: Wie spielt die Musik in meinem Text?

Beim Lesen ziehen wir Sinn aus einem Text, doch gleichzeitig hören wir in unserem Inneren den Rhythmus der Sätze, die Melodie von Fragen und Antworten, die Zwischenrufe der Überschriften, den Auftakt eines neuen Absatzes, die Klänge der Silben. Klingt diese Musik kontrastreich und dynamisch, beschwingt sie uns; klingt sie monoton und schwerfällig, lähmt sie uns. Als Schreiber von Gebrauchstexten gestalten Sie diese Musik vor allem durch die Länge Ihrer Sätze und Ihre Zeichensetzung.

Wie lang sollen Sätze maximal sein? Im Gespräch verständigen wir uns am besten mit höchstens 14 Wörtern pro Satz. Für Texte, so meinen einige, gelten eigentlich dieselben Bedingungen. Das Schöne an dieser Regel: Sätze mit dieser Länge gelingen immer. 14 Wörter – das reicht meistens für einen Hauptsatz und einen angehängten Nebensatz. Längere Sätze sind schwieriger zu bauen, wenn sie leicht verständlich bleiben wollen. Doch nichts spricht gegen einen langen Satz, wenn er den Satzkern schnell offenbart und die Zwölf-Silben-Regel einhält:

Während unseres Telefonats *räumte der Vorstandsvorsitzende ein*, dass *das Ausmaß der Bestechung* noch nicht völlig bekannt *sei*, *versprach* aber, die gesamte Führungsriege neu zu besetzen und alle betroffenen Projekte noch einmal auszuschreiben.

Allerdings: Mehrere Sätze dieser Länge hintereinander würden das Gehirn ersticken mit ihren Wortlawinen. Nach einem so langen Satz dürstet es den Leser nach einem kurzen:

Während unseres Telefonats räumte der Vorstandsvorsitzende ein, dass das Ausmaß der Bestechung noch nicht völlig bekannt sei, versprach aber, die gesamte Führungsriege neu zu besetzen und alle betroffenen Projekte noch einmal auszuschreiben. *Wir haben also noch eine Chance.*

Damit kommen wir zu einem wichtigen Prinzip: Texte lesen sich angenehm, wenn die Satzlängen variieren. Viele lange Sätze hintereinander ermüden schnell; viele kurze Sätze hintereinander wirken gehetzt und ermüden nach einer Weile ebenfalls. Unterschiedlich lange Sätze hingegen fördern die Aufmerksamkeit, sie bieten dem Leser ein ständig wechselndes Tempo: Kurze Sätze beschleunigen, lange Sätze verlangsamen den Lesefluss. Wichtige Aussagen wirken stark, wenn sie in kurzen Sätzen für sich stehen. Erklärende, abwägende oder beschreibende Aussagen hingegen wirken auch in langen Sätzen.

14 Wörter pro Satz sind ein guter Richtwert für leicht lesbare Gebrauchstexte. Aber dieser Wert muss schwanken – öfter eher nach unten, manchmal auch nach oben.

Satzzeichen bringen dabei Melodie und Rhythmus in Ihren Text. Wer nur Punkt und Komma verwendet, spielt zu gediegen. Ein bisschen mehr darf es schon sein. Auf Ihrer Tastatur schlummert so manches förderliche Zeichen:

Der Doppelpunkt. Fast hört man den Trommelwirbel, wenn Sie ihn setzen. Mit ihm schaffen Sie den Moment für etwas Besonderes, das dann auch kommen sollte: eine Neuigkeit, ein konsequenter Gedanke, ein direktes Zitat oder ein treffendes Fazit.

Das Problem dabei: Wenn ich die Datei mit einem anderen Betriebssystem öffne, verschwinden die Umlaute.

Wir meinen: Unsere Kunden verdienen Besseres.

Sie sehen: Die Aussage hinter dem Doppelpunkt kommt viel stärker zur Geltung. In vielen Fällen sparen Sie sich verkrampfte Satzanschlüsse mit „..., dass ...“. Weil der Doppelpunkt Dramatik in Ihren Text bringt, dosieren Sie ihn bitte sparsam.

Der Gedankenstrich. Mit ihm schaffen Sie Raum für eine kleine Pause. Er schneidet den Satz nicht so hart wie der Doppelpunkt, sondern lässt ihn eher sanft abheben und neu aufsetzen. Abgesehen von diesem musikalischen Unterschied überschneidet sich sein Einsatzgebiet mit dem des Doppelpunkts:

Ein Gleisoval, eine Lok und drei Wägelchen – so harmlos fängt das Modellbahnhobby an.

Falls Sie noch Fragen haben – bitte rufen Sie uns an!

Der Gedankenstrich eignet sich gut für Nachbemerkungen aller Art:

Romane schreiben – nichts für Ungeduldige.

Oder für kurze Einschübe:

Für die anstehende Entscheidung – Mac oder PC? – spielt der Preis keine Rolle mehr, da beide Systeme jetzt gleich viel kosten.

Allzu lange Einschübe verfehlen jedoch ihre Wirkung:

Eine erfolgreiche Arbeitsmarktreform – so etwas soll es in anderen Ländern ja geben – kann nur gelingen, wenn ...

Denn auch hier gilt die Zwölf-Silben-Regel: Reißt der Einschub den Satzkern weiter auseinander, verstopft er den Satz. Dann steht der Einschub besser in einem eigenen Satz:

Auch andere Länder haben ihren Arbeitsmarkt erfolgreich reformiert. Daher wissen wir: Sie kann nur gelingen, wenn ...

Das Semikolon. Mit ihm setzen Sie einen stark ordnenden Akzent. Dieses „Oberkomma“ stellt Hauptsätze deutlicher gegenüber oder steigert sie:

Die Liebe kommt; die Liebe geht.

Zuwenig Süßes macht lustlos; zuviel Süßes macht krank.

Es strukturiert Ihre Aussagen noch klarer:

Wer verhaltensauffällige Patienten ausschließlich positiv bestärkt, schwächt ihren Willen zur Veränderung; wer sie ausschließlich mit ihren Fehlern konfrontiert, versetzt sie in Panik.

Und es gruppiert aneinander gereihte Begriffe:

> Zum Kochen braucht es: eine Küche, Geräte, Zutaten; Augenmaß, Timing, Geschmack.

Das Fragezeichen. Direkte Fragen im Text sind immer künstlich, schließlich kann niemand direkt antworten. Doch eine Frage bringt willkommene Abwechslung: Die Satzmelodie ändert sich. Der Leser fühlt sich stärker angesprochen als bei normalen Sätzen. So lassen Sie den Leser am Denkprozess teilhaben:

> Satelliten arbeiten nur mit geringer Auslastung. Da haben wir uns gefragt: Wie lassen sich die freien Kapazitäten für das Internet nutzen?

Oder Sie fangen zum richtigen Zeitpunkt seine Skepsis ab:

> Gleitende Arbeitszeit und trotzdem volle Besetzung im Büro – wie soll das gehen?

Und in der Geschäftskorrespondenz klingt eine Bitte viel höflicher als Frage formuliert:

> Könnten Sie uns den Betrag bis Montag überweisen?

Ausrufezeichen. In der Briefanrede hat das Ausrufezeichen längst ausgedient, auch sonst vertragen wir Gebrüll beim Lesen nicht mehr so gut. Zu empfehlen ist es nur für Jubel, gute Wünsche und Dank:

> Schöne Feiertage!

> Danke für Ihren Einsatz!

So prüfen Sie Ihren Text:

- ☐ Lesen Sie Ihren Text, als wäre er Musik. Wo wird diese Musik monoton?
- ☐ Wenn dort zu viele lange Sätze hintereinander stehen: Wo ließe sich ein langer Satz teilen oder kürzen?
- ☐ Wenn zu viele kurze Sätze hintereinander stehen: Welche kurzen Sätze ließen sich verbinden?
- ☐ Wo könnte ein anderes Satzzeichen einen frischen Akzent setzen? Dabei helfen Ihnen: Doppelpunkt, Gedankenstrich, Semikolon und Fragezeichen.

Check 11: Sind meine Begriffe so griffig wie möglich?

Wenn wir etwas benennen, haben wir die Wahl zwischen abstrakt und konkret: Entweder wir bringen mit einem abstrakten Begriff vieles unter einen Hut und lassen dabei offen, was genau der Leser sich darunter vorstellen soll. Dann schreiben wir *Nutzfahrzeug, Kopfbedeckung, optimierte Kommunikation, soziale Verantwortung*. Oder aber wir benennen etwas konkret und der Leser kann es besser sehen, riechen, schmecken, hören oder fühlen. Wir schreiben dann: *Schaufelbagger, Wollmütze, Mittwochstelefonat, Kinderbetreuung.*

Abstrakte Begriffe sind dann zwingend, wenn etwas für viele konkrete Dinge herhalten muss. So schreibt der Wirt: *Für Garderobe keine Haftung.* Denn er will sich nicht nur gegen gestohlene Mäntel absichern, sondern gegen alles, was der Gast an seinen Haken hängt. Doch es lohnt sich vielfach, stets die Begriffe so konkret wie möglich zu halten:

Abstrakt	**Konkret**
Ab sofort liefern wir *warme Mahlzeiten.*	Ab sofort: *Schweinebraten* frei Haus!
Wir schaffen Innovation.	Wir haben den *Allrad-Antrieb* neu erfunden.

Konkrete Begriffe lassen sofort Bilder im Kopf entstehen. Was man sich konkret vorstellen kann, prägt sich auch besser ein. Was sich besser einprägt, wirkt überzeugender. In den meisten Fällen ahnt der Leser: Der konkrete Begriff steht auch für weitere Dinge, die nicht extra genannt sind. Oft lassen sich die abstrakten Begriffe problemlos konkretisieren:

Abstrakt	**Konkret**
Wir stehen auf gute *Musik.*	Wir stehen auf *Jazz.*
Freitags machen wir *Sport.*	Freitags spielen wir *Badminton.*

Konkret schreiben beschränkt sich nicht nur auf die Wahl von Substantiven:

Abstrakt	**Konkret**
Fertigung und Vertrieb sollten eine bessere Abstimmung anstreben.	Die Leiter von Fertigung und Vertrieb sollten vor jedem Großauftrag miteinander telefonieren.
In Kürze erhalten Sie von uns eine Bestätigung.	In spätestens 24 Stunden bestätigen wir Ihnen per Mail die Auslieferung.

Meistens neigen wir dazu, abstrakter zu schreiben, als wir eigentlich müssten, denn abstrakt schreiben macht weniger Arbeit und verpflichtet uns oft zu nichts, da wir uns nicht festgelegt haben. Das gleiche geschieht aber auch beim Leser: Er kann abstrakte Formulierungen leicht an sich vorbeirauschen lassen; sie berühren dann nicht, greifen nicht ein und regen zu nichts an. Wenn wir uns nicht die Mühe machen, uns etwas genau vorzustellen, warum sollte es der Leser tun?

So prüfen Sie Ihren Text:

- ☐ An welchen Stellen im Text gibt es nichts zu sehen, fühlen, hören, schmecken oder riechen? Wo ist etwas schwierig zu begreifen? Wo lassen Sie zu viel offen? Meistens treten an solchen Stellen gehäuft Wörter auf, die auf -ung, -ion, -keit, -tät und -iv enden, oder es wimmelt dort von *Bereichen, Sektoren, Rahmen, Faktoren, Punkten, Feldern* oder *Elementen.* Markieren Sie solche Stellen.

So prüfen Sie Ihren Text:

- ☐ Fragen Sie sich: Muss es so abstrakt sein, weil Sie es nur so und nicht anders abdecken können? Oder geht es konkreter?
- ☐ Prüfen Sie Oberbegriffe wie *Sportwagen*, *Kosmetikartikel*, *Nutztiere*. Könnte ein konkreter Unterbegriff als „Vertreter für alle" wirkungsvoller sein? Also: *Porsche*, *Lippenstift*, *Schafe*?
- ☐ Wenn Sie etwas mitteilen oder vorschlagen: Was genau wird getan oder soll getan werden? Wann? Wo? Unter welchen Bedingungen? Mit welchen Mitteln?

Check 12: Wecke ich die Vorstellungskraft?

Dieser Check hilft Ihnen, wenn sich Ihr Thema nicht so einfach ins Konkrete übersetzen lässt – weil es zu technisch ist, weil es nur um trockene Zahlen geht oder weil es in Dimensionen spielt, die sich der sinnlichen Erfahrung entziehen. Wie wäre es in so einem Fall mit einem Beispiel aus der erfahrbaren Welt, einem bildhaften Vergleich? Wenn Sie Ihrem Leser erklären: „Das ist wie …", dann öffnen Sie ihm die Tür zu einem neuen Wissensgebiet. Das gilt nicht nur, wenn Sie sich an Laien wenden. Jeder ist dankbar für solche Einstiegshilfen, denn sie erden das Denken, erfrischen die Vorstellungskraft und wecken die Lust am Lernen.
So können Sie zum Beispiel Zahlen verdeutlichen:

> Das Ergebnis unserer Kundenumfrage dürfen wir uns so vorstellen: Wenn wir 50 Kunden auf eine Party einladen würden, dann wären 37 bereits mit jemand anderem verabredet, 10 hätten schlechte Laune und mit dreien könnten wir nett plaudern.

Sie können technische Vorgänge begreiflich machen:

> Selective Laser Melting funktioniert im Prinzip wie das Ausdrucken einer Datei – aber diesmal in 3-D. So wie der Tintenstrahl-Druckkopf über das Papier jagt und Schicht für Schicht das gewünschte Schriftbild produziert, so jagt nun der Laserstrahl über das Metallpulver und lässt es Schicht für Schicht verschmelzen, bis wir exakt die gewünschte Form erhalten. Im Detail sieht das so aus: …

Oder Forschungsergebnisse verdeutlichen, so wie hier in einem Spiegel-online-Bericht von der Rückkehr der Raumsonde „Stardust":

> Die ersten Analysen zeigen: Der harte Brocken Wild 2 besteht nicht allein aus dem Material vom fernen Rand des Sonnensystems, sondern trägt auch mineralische Bestandteile aus dessen heißem Zentrum in sich. „Das ist so überraschend, wie einen Stein aus Neuseeland in seinem Vorgarten zu finden", sagte Forschungsleiter Don Brownlee von der …

Das Prinzip dabei ist immer das gleiche: Ab und zu steigen Sie herab in die Welt der menschlichen Alltagserfahrung und suchen dort nach einem passenden Vergleich. Natürlich entstehen dabei Reibungsverluste, verhält es sich nicht immer exakt so, doch der Gewinn dabei ist stets größer: Sie erweitern den Kreis derjenigen, die sich für Ihr Thema interessieren.

Natürlich verlangt niemand, dass Sie ständig alles auf die Alltagswelt schneidern und vereinfachen. Aber seien Sie sich sicher: Wenn die Menschen nach dem Lesen etwas weiterhin im Kopf tragen, dann sind das diese bildhaften Vergleiche, denn mit ihnen arbeiten sie sich weiter ins Neuland hinein.

So prüfen Sie Ihren Text:

- ☐ Spüren Sie die Passagen auf, die über viele Zeilen hinweg nichts für die Vorstellungskraft bieten und deshalb schwierig zu begreifen sind.
- ☐ Lässt sich irgendetwas in die menschliche Alltagsdimension übertragen? Gibt es dort ein entsprechendes Beispiel mit konkreten Substantiven und „schwitzenden Verben"? Dann fügen Sie es ein.

Check 13: Vergraule ich Leser mit Insider-Begriffen?

Es gibt drei Arten von Insider-Jargon:

- **Der Zeitgeist-Jargon** will imponieren und setzt sich überwiegend aus echten wie künstlichen Anglizismen zusammen, die schnell entstehen und oft ebenso schnell wieder peinlich werden. Wer ihn benutzt, will seinem Thema und sich selbst eine Aura von Brisanz und Weltläufigkeit verleihen. Er findet sich in der Jugendkultur, der Werbe- und Medienindustrie, im Management und im Sport. Im Gespräch mag dieser Jargon erträglich sein oder seinen sozialen Zweck erfüllen; im Text wirkt er unbeholfen, künstlich und fade, selbst auf die Zielgruppe, die ihn spricht.
- **Der Zunft-Jargon** blickt hingegen auf eine lange und bewährte Tradition zurück. Damit meine ich jene berufstypischen Fachbegriffe, für die es durchaus genaue Entsprechungen in der „Laiensprache" gibt. Sie herrschen überall dort, wo man Wissen innerhalb einer Gruppe bewahren und vor Außenstehenden schützen will, also in der Wissenschaft, im Finanz- und Rechtswesen, im Handwerk und in der Medizin. Wer in jargon-lastigen Zünften arbeitet, muss sich entscheiden: Will er neue Leser, Kundengruppen, Kooperationspartner oder Fürsprecher erreichen, dann muss er sein Denken und Tun transparent machen durch allgemein verständliche Begriffe.
- **Neue Begriffe für noch wenig bekannte Dinge**. Ob technische oder kulturelle Innovationen, ob neue Konzepte, Dienstleistungen, Produkte oder Produktmerkmale – sie alle brauchen einen Namen, um in der Welt zu bestehen. Da fast alles Neue in multinationalen Teams entsteht und sich sofort weltweit bewähren muss, wird es in der Globalsprache Englisch getauft. Voreilige Eindeutschungen würden den eben erst geschaffenen Konsens wieder zerstören und Missverständnisse verursachen. Für viele Begriffe findet sich keine Übersetzung, die sofort die Bedeutung erhellt und auch noch leicht zu sprechen ist. Ob *Corporate Governance*, *Balanced Scorecard*, *Impairment*, *Edutainment* oder *Datawarehouse* – sie werden vielleicht nie anders genannt werden. Solche Begriffe brauchen Zeit, bis sie zum Allgemeingut werden und bleiben deshalb noch lange erklärungsbedürftig.

Wer verständlich schreiben will, fragt sich bei jedem Fachbegriff ganz bewusst, ob der Leser ihn bereits kennt und – noch wichtiger – ob alle Kundigen bereits dasselbe darunter verstehen. Denn instinktiv überschätzt man diese Zahl fast immer. Wenn sich der Begriff nicht ersetzen lässt, kann man ihn beim ersten Mal kurz erläutern. Zum Beispiel mit einer Umschreibung im nächsten Satz:

> ... verwenden wir eine Balanced Scorecard. Diese ganzheitliche Managementmethode erfasst auch nicht-monetäre Ziele durch Kennzahlen ...

Oder mit einer nicht-offiziellen Übersetzung:

> Will man die Balanced Scorecard, dieses „ausgewogene Kennzahlensystem", verstehen ...

Oder Sie beugen Missverständnissen vor, indem Sie genau definieren:

> *Corporate Governance* ist ja nicht die Unternehmensführung an sich, sondern der Codex, nach dem sie sich richten soll ...

So prüfen Sie Ihren Text:

- ☐ Spüren Sie jedem Anglizismus noch einmal nach: Sind sie immer noch so unpeinlich wie beim ersten Hinschreiben? Bezeichnen sie ohne Alternative genau das, was Sie meinen? Nur dann lassen Sie den Anglizismus stehen.
- ☐ Welcher Fachbegriff muss erklärt werden, damit eine fachfremde Leserschaft schnell die richtige Fährte findet?
- ☐ Beim Erklären helfen Lexika, Wörterbücher oder das Internet (zum Beispiel www.wikipedia.de). Etwas nach langer Zeit wieder auf den Punkt gebracht zu lesen – das kann selbst für Experten sehr erfrischend sein.

Check 14: Verwende ich Schlüsselbegriffe konsequent?

In Schulaufsätzen bekamen wir einen Wiederholungsfehler markiert, wenn wir für dieselben Sachen stets dieselben Worte verwendeten. So lernten wir das „Umtaufen", das sich auch heute noch gerne einschleicht:

> Wir haben mit Actel einen *Nutzungsvertrag* geschlossen, der die *Bürobelegung* regelt: Zwei feste Büros für uns, zwei für Actel und zwei zur flexiblen Nutzung. Bisher sind wir mit der *Vereinbarung* gut gefahren, doch mit vier Abteilungen brauchen wir mehr Platz. Die *schriftliche Übereinkunft* sieht jedoch vor, dass wir die *Raumverteilung* nur ändern können, wenn wir ...

Handelt es sich nun um ein und denselben Vertrag oder um zwei oder gar drei? Wie viele Büros oder Räume sollen neu verteilt werden? Wenn sich wichtige Begriffe ständig ändern, steigt Ihr Leser irgendwann verwirrt aus. Bei beruflichen Gebrauchstexten braucht er die Sicherheit, dass mit einem Begriff immer dasselbe gemeint ist. Auch wenn der Text dann etwas monotoner klingt, erleichtert es das Verstehen ungemein:

Wir haben mit Actel einen *Nutzungsvertrag* geschlossen, der die *Bürobelegung* regelt: Zwei feste Büros für uns, zwei für Actel und zwei zur flexiblen Nutzung. Bisher sind wir mit dem *Nutzungsvertrag* gut gefahren, doch mit vier Abteilungen brauchen wir mehr Platz. Der *Nutzungsvertrag* sieht jedoch vor, dass wir die *Bürobelegung* nur ändern können, wenn wir ...

So prüfen Sie Ihren Text:

- ☐ Heißt im Text ein Ding oder Sachverhalt mal so, mal so und dann wieder anders?
- ☐ Finden Sie für alle Dinge und Sachverhalte nur einen treffenden Begriff.
- ☐ Verwenden Sie diese Schlüsselbegriffe dann konsequent.

Check 15: Wie lebendig sind meine Beschreibungen?

Um Personen oder Dinge näher zu beschreiben, hängen wir ihnen gerne vorneweg etwas an. Entweder reine Eigenschaftswörter:

Den *säumigen* Zahler erwarten *kräftige* Gebühren.

Oder aufwändigere Konstruktionen:

Die zwar *immer noch attraktive, aber nicht ganz risikofreie* Option ...

Beide Varianten gehen leicht von der Hand, doch zu viele dieser Eigenschafts-Anhängsel ermüden den Leser. Das hat drei Gründe:
Für alle Eigenschafts-Anhängsel gilt die Zwölf-Silben-Regel. Zu viele angehängte Silben treiben den Satzkern auseinander und erschweren das Verständnis:

Unsere Praktikanten nahmen *an dem alljährlich stattfindenden und von der Stadt Münchburg ausgerichteten* Design-Wettbewerb teil.

Als Lösung bietet sich an, die gestopften Anhängsel zu kürzen und den Satz umzustellen:

Unsere Praktikanten nahmen am Design-Wettbewerb der Stadt Münchburg teil, der jedes Jahr stattfindet.

Eigenschafts-Anhängsel wirken wie Substantive immer statisch. Deshalb lähmen sie den Satz, vor allem dann, wenn Sie an mehreren Stellen Eigenschaften anhängen:

Der *situations- und typusabhängigen* Kaufentscheidung *des sich für jede Produktart anders verhaltenden* Kunden müssen wir nun mit einer *flexiblen, auf die unterschiedlichen Vertriebskanäle zugeschnittenen* Strategie begegnen.

Kürzere Sätze und neue Verben verdeutlichen, was gemeint war:

Kunden legen für jede Produktart ein anderes Kaufverhalten an den Tag. Je nach Situation und Typus entscheiden sie mal so, mal so. Dem müssen wir nun mit einer Strategie begegnen, die zugleich flexibel und auf die unterschiedlichen Vertriebskanäle zugeschnitten ist.

In manchen Eigenschafts-Anhängseln finden sich Wertungen, die der Leser nur glauben darf, ohne einen Beweis:

Unsere *freundlichen und kompetenten* Mitarbeiter beraten Sie ...

Von diesen wertenden Eigenschaften sind einige so abgenutzt, dass ihr Aussagewert gegen Null tendiert.

Wer die folgenden Adjektive anhängt, füllt seinen Text mit wenig mehr als heißer Luft:

leistungsorientiert, innovativ, zielgerichtet, effizient, effektiv, führend, nachhaltig, kundenfreundlich, wachstumsstark, strategisch, kreativ, dynamisch.

In der Regel ist nichts verloren, wenn Sie wertende Eigenschafts-Anhängsel streichen. Oft hört sich der Satz dann klarer und glaubwürdiger an. Wenn Sie den Wert einer Sache wirklich hervorheben wollen, dann verdeutlichen Sie ihn lieber mit einer Handlung:

Eigenschafts-Anhängsel:	**Einleuchtende Handlung:**
Wir bieten einen zuverlässigen, termingerechten Service.	Wir holen Ihren PC noch am selben Tag ab und reparieren ihn innerhalb von 24 Stunden.
Unsere kompetenten Mitarbeiter beraten Sie gerne.	Nutzen Sie die Expertise unserer Mitarbeiter: Kommen Sie mit Ihren Plänen und Stoffmustern.

So prüfen Sie Ihren Text:

- ☐ Markieren Sie alle Eigenschafts-Anhängsel.
- ☐ Wie viele davon können Sie einfach streichen?
- ☐ Wie viele davon können Sie durch Kürzen, Umstellen, neue Verben und treffendere Begriffe ersetzen?
- ☐ Wo lohnt es sich der Glaubwürdigkeit wegen, Eigenschafts-Anhängsel in Handlungen zu verwandeln?

Check 16: Was lässt sich eingängiger formulieren?

Nehmen wir an, es gäbe plötzlich keine Schrift mehr und auch keine PCs, keine Diktiergeräte, keine Anrufbeantworter. Wir wären wieder auf direkte, mündliche Kommunikation angewiesen und hätten nichts, womit wir das Gesagte festhalten könnten. Statt einer E-Mail würden wir nun unserem Boten den Quartalsbericht diktieren mit dem Auftrag, ihn unverfälscht dem Vorstand zu übermitteln. Ich wette, in diesem Quartalsbericht würden ein ebenmäßiger Rhythmus, ein exakt berechnetes Versmaß und gleich lautende Klänge eine wichtige Rolle spielen. Wie sonst könnte unser Bote den Bericht behalten? Und wie sonst sollte der Vorstand den Bericht auf der Aktionärsversammlung weitergeben? Beide müssten im Gesagten nach bestimmten Mustern suchen und sich an ihnen orientieren.

Auch wenn wir unsere Sachtexte nicht mehr in Verse fassen oder reimen: Unser Sinn für Proportionen und gleiche Strukturen ist immer noch wach. Wir behalten Texte besser, wenn wir Muster erkennen im Klang, in der Länge der Satzteile oder in der Konsequenz der Gedanken. Werbebotschaften leben davon. Niemand würde Sätze behalten wie:

Vorsprung durch Hochtechnologie.
Eins, zwei, unseres.
Fakten, Tatsachen, Realitäten.

Aber jeder kennt:

Vorsprung durch Technik. (Audi)
Zwei, eins, meins. (Ebay)
Fakten, Fakten, Fakten. (Focus)

Auch an nüchternen Texten schätzen wir Muster, die wir leicht einordnen und im Kopf behalten können. Das kann auf vielerlei Arten geschehen:

- Sie ordnen Ihre Informationen entlang der Zeitschiene. Eine Information taucht erst dann auf, wenn sie in der Abfolge der Handlung tatsächlich relevant wird. So muss der Leser nicht mehr vor- und zurückspringen.

Chaotisches Vor-Zurück	**Geordnete Handlungsabfolge**
Bevor Sie das Gehäuse aufschrauben und den Arbeitsspeicher vom Steckplatz ziehen, müssen Sie den Computer herunterfahren und den Netzstecker herausziehen.	Fahren Sie den Computer herunter und ziehen Sie den Netzstecker heraus. Dann erst schrauben Sie das Gehäuse auf und ziehen den Arbeitsspeicher vom Steckplatz.

- Sie schaffen gleich lautende Anschlüsse. So kann der Leser im selben Modus weiterlesen und Informationen leichter bündeln.

Wechselnde Anschlüsse	**Gleich lautende Anschlüsse**
Immer mehr Deutsche machen sich selbstständig, teils aus Lust etwas Neues zu probieren, teils weil sie keinen Chef mehr haben wollen und manchmal auch aus blanker Not.	Immer mehr Deutsche machen sich selbstständig, *weil* sie Lust haben auf Neues, *weil* sie ohne Chef sein wollen oder *weil* ihnen keine andere Wahl bleibt. *Oder*: Immer mehr Deutsche machen sich selbstständig, *aus* Lust am Neuen, *aus* Sehnsucht nach Unabhängigkeit und manchmal auch *aus* blanker Not.

Wechselnde Anschlüsse	Gleich lautende Anschlüsse
Gerade jetzt können wir Ihnen zum Kauf eines Eigenheims raten, weil die Zinsen niedrig sind, wegen der noch existierenden steuerlichen Begünstigungen und aufgrund der Tatsache, dass die Mieten in Top-Lagen ständig steigen.	Gerade jetzt können wir Ihnen zum Kauf eines Eigenheims raten, denn: *Die Zinsen* sind niedrig, die Steuervorteile existieren noch und die Mieten in den Top-Lagen steigen ständig. Oder: Gerade jetzt können wir Ihnen zum Kauf eines Eigenheims raten, *wegen* der niedrigen Zinsen, der noch existierenden Steuervorteile und der ständig steigenden Mieten in Top-Lagen.

- Sie achten auf etwa gleich lange Teile, wenn Sie etwas aufzählen. Damit schaffen Sie einen gleichmäßigen Rhythmus und verhindern, dass die längere Information die kürzeren „erschlägt“:

Unausgewogen:	Gleich lange Teile:
Meine abendliche Meditation liefert Energie, baut Spannungen ab, die sich während des Tages angesammelt haben, und gewährt mir Abstand zu meinen Problemen.	Meine abendliche Meditation liefert Energie, löst Spannungen und schafft Abstand.
Die deutsche Tochtergesellschaft kämpft mit: • dem niedrigen Preisniveau von Lebensmitteln • dem mangelnden Bewusstsein für die Qualität von Fleischprodukten, dem wir nur mit höheren Marketing-Ausgaben begegnen können. • einem zu weitmaschigen Vertriebsnetz	Die deutsche Tochtergesellschaft kämpft mit diesen Problemen: • Das Preisniveau ist niedrig. • Das Qualitätsbewusstsein fehlt • Das Vertriebsnetz erreicht zu wenige

So prüfen Sie Ihren Text:

- ☐ Wo sind Passagen, die der Leser unbedingt im Kopf behalten soll – zum Beispiel wichtige Argumente oder Abläufe?
- ☐ Können Sie dort einprägsame Muster schaffen durch geordnete Handlungsabfolgen, gleich lautende Anschlüsse oder gleich lange Teile?

Check 17: Wo bewirke ich mit weniger Worten mehr?

Fast immer schreiben wir im Rohtext mehr als notwendig. Erst beim Überarbeiten können wir unterscheiden, was wesentlich und was überflüssig ist. Deshalb werden Texte dichter, je gründlicher wir sie überarbeiten. Überflüssiges verschwindet, damit das Wesentliche deutlicher hervortritt. Langweilige Passagen verkürzen wir, indem wir sie mit weniger Worten auf den Punkt bringen.

In den letzten 16 Checks haben Sie bereits vieles neu formuliert oder gestrichen. Sicher bewirkt Ihr Text bereits mehr und kommt dabei mit weniger Worten aus. Jetzt geben Sie Ihrem Text den letzten Schliff. In den meisten Fällen bedeutet das, nur noch kleine Patzer auszubügeln.

- Entfernen Sie „weiße Schimmel". Beim Rohtext-Schreiben glauben wir gern, dass doppelt ausgedrückt auch doppelt so stark wirkt. Tatsächlich aber wirkt es schwächer und verrät Unbeholfenheit:

Doppelt ausgedrückt	Einfach wirkt stärker
... die *Wichtigkeit* und die *Bedeutsamkeit* dieses Projekts haben wir ...	... die *Wichtigkeit* dieses Projekts haben wir ...
Die *absolut wesentlichen* Bestandteile des Vertrags.	Die *wesentlichen* Bestandteile des Vertrags.

- Spüren Sie Phrasen auf. Manchmal genügt ein Wort, wo halbe Sätze stehen. Auch hier verliert Ihre Aussage nicht an Wichtigkeit, sondern gewinnt durch Prägnanz:

Phrase	Besser
ein Ding der Unmöglichkeit	Unmöglich
zu einem späteren Zeitpunkt	Später
Es ist keine Seltenheit, dass	Oft
... klären wir besser in einem telefonischen Gespräch.	... klären wir besser telefonisch.

Was aber, wenn eine Textpassage trotz Streichungen immer noch langatmig wirkt? Wie Sie Ihren Text radikaler verdichten können, sei am Textbeispiel aus Kapitel 1 gezeigt. Hier noch einmal die langatmige Version:

> Die Vielzahl von Qualifikationen, das umfangreiche Know-how und das beispiellose Engagement unserer etwas mehr als 350 Mitarbeiter haben dazu geführt, das Solia bereits zwei Jahre nach seiner Gründung zu einem der weltweit führenden Anbieter im Bereich der regenerativen Energien geworden ist. Für die Mitarbeiter von Solia ist klar ersichtlich, dass die umweltgerechte und somit nachhaltig gesicherte Zukunft schon heute mit intelligenten Systemen beginnt, die jene Energie nutzbar machen, die im Grunde endlos ist.

Zu einer dichteren Version kommen Sie am besten in drei Schritten:

- Sie fragen sich: Was ist überflüssig oder abgenutzt? Das wären zum Beispiel die ersten drei Begriffe „Qualifikationen, ... Know-how, ... Engagement" – allesamt schwerfällige, viel zu oft gelesene Wörter. Die Phrase „gehört zu den führenden" findet sich überall dort, wo Mittelmaß der Fall ist. Der „Bereich der regenerativen Energien" ist lang und nicht greifbar. Was „für die Mitarbeiter ... klar ersichtlich ist", interessiert den Leser nicht wirklich. Die Eigenschafts-Anhängsel „umweltgerecht" und „nachhaltig gesichert" elektrisieren niemanden mehr. Auf all diese Begriffe, Phrasen und Eigenschafts-Anhängsel können Sie in einer dichteren Version verzichten.

- Schreiben Sie im Telegrammstil nieder: Was ist das Wesentliche? Für den obigen Text fiele die Antwort etwa so aus: „Zwei Jahre am Markt /// 350 Mitarbeiter /// bauen Solarsysteme /// legen uns mächtig ins Zeug // haben es an die Weltspitze gebracht /// werden nicht nachlassen." Dies muss die neue Version vermitteln, mehr nicht.
- Sie schreiben den Text neu und konzentrieren sich dabei auf das Wesentliche. Nennen Sie dabei das Wichtigste zuerst. Hier der Vorschlag für eine neue, dichtere Version:

Solia – das sind über 350 Menschen und ein Ziel: Ihnen die immense Energie der Sonne zu liefern, immer effizienter, immer klüger, immer wieder. Nach zwei Jahren auf dem Markt gehören unsere Solarsysteme zu den Besten der Welt.

Der erste Satz bringt das Wichtigste: Wer Solia ist und was die Firma macht. Der Dreisprung „immer effizienter, immer klüger, immer wieder" prägt sich leicht ein und vermittelt den Willen zur ständigen Selbstverbesserung. Der zweite Satz lenkt vom Unternehmen auf das Produkt: Die Solarsysteme sind in kurzer Zeit zur Weltspitze aufgestiegen. Diese Leistung ist einleuchtender als die Zugehörigkeit „zu den führenden Unternehmen".

Vielleicht wären Sie an einigen Stellen anderer Meinung gewesen und hätten den Text auf andere Weise verdichtet. Jeder hat seine eigenen Maßstäbe, sein eigenes Klangempfinden, seinen eigenen Wortschatz. Doch das Vorgehen bleibt für alle Schreiber dasselbe. Sie fragen sich beim Überarbeiten noch einmal: Was ist überflüssig? Was ist wesentlich? Und wie lässt sich das Wesentliche neu formulieren?

So prüfen Sie Ihren Text:

- ☐ Streichen Sie alle „weißen Schimmel".
  Ersetzen Sie Phrasen durch treffendere Worte.
- ☐ An welchen Stellen wollen Sie noch besser auf den Punkt kommen? Streichen Sie dort alles Überflüssige und Abgenutzte.
- ☐ Wenn Sie auf eine langatmige Textpassage stoßen: Notieren Sie ihre wesentlichen Aussagen im Telegrammstil und formulieren Sie den Text noch einmal neu.

3.6 Text korrigieren

Ziel: Alle Fehler in Wortstellung, Rechtschreibung und Grammatik beseitigen.

Modus: Hier arbeitet nur der Chef allein – oder sein Buchhalter.

Techniken: Korrektur delegieren, Rechtschreib- und Grammatikprüfung im PC, Schreibweisen im Glossar festlegen, Umgang mit Wörterbuch, Namen, Zahlen und Verweise extra prüfen.

In diesem Arbeitsstadium prüfen und verbessern Sie alle Flüchtigkeitsfehler, die Ihnen beim Schreiben und Überarbeiten unterlaufen sind. Das Korrigieren sollte recht schnell von der Hand gehen, schließlich sind die Kriterien eindeutig: Ihr Text sollte den Regeln der Rechtschreibung und der Grammatik entsprechen. In den folgenden neun Tipps erfahren Sie, welche Hilfsmittel und Techniken Sie für eine effektive Korrektur nutzen können.

Tipp 1: Schaffen Sie Abstand oder delegieren Sie

Zum Korrigieren brauchen Sie – wieder einmal – einen frischen Blick. Leicht gesagt, nachdem Sie den Text zigmal gelesen und an vielen Stellen gefeilt haben. Bei kürzeren Texten mag die Konzentration fürs Korrigieren noch reichen; bei längeren Texten jedoch entgleitet sie schnell.

Für dieses Problem gibt es eine Notlösung und eine beste Lösung. Die Notlösung wäre, dasselbe zu tun wie vor dem Überarbeiten: den Text so lange wie möglich ruhen lassen, dann in anderer Schrift ausdrucken und für die Korrektur sich an einen neuen Ort begeben. Die beste Lösung wäre jedoch, das Korrigieren einer anderen Person zu überlassen. Wenn Sie langfristig jemanden finden, der ebenfalls viel schreibt und den „Rotstift-Blick" besitzt – umso besser. Dann können Sie gegenseitig Korrektur lesen und voneinander lernen. So eine Korrektur-Partnerschaft spart enorm viel Zeit und Kraft: Die Korrektur eines unbekannten Textes fordert nur einen Bruchteil der Konzentration, die Sie für Ihren eigenen, ermüdend vertrauten Text aufwenden müssten.

Tipp 2: Wählen Sie die neue Rechtschreibung

Am 2. März 2006 stimmten die Kultusminister aller Länder der nochmals reformierten Rechtschreibreform zu. Damit ist der Versuch beendet, unsere Schreibweisen zu vereinfachen und zu vereinheitlichen. Wie sehr dieser Versuch gelungen ist, darüber lässt sich ewig streiten. Fakt jedoch ist: Seit dem 1. August 2006 gilt die neue Rechtschreibung im gesamten deutschsprachigen Raum.

Ein Vorteil der neuen Rechtschreibung: Es gibt viel mehr Schreibvarianten und damit Möglichkeiten, nach eigenem Ermessen zu entscheiden, zum Beispiel bei der Kommasetzung oder der Getrennt- und Zusammenschreibung. Daraus ergibt sich allerdings auch ihr Nachteil: Kaum jemand weiß auf Anhieb, wo mehr als eine Möglichkeit zulässig ist und wo nicht. Aber mit etwas Extra-Aufmerksamkeit lässt sich schnell ein Gespür dafür entwickeln. In den nächsten Tipps erfahren Sie, worauf Sie achten müssen.

Tipp 3: Verwenden Sie nur eine Schreibweise

Schreiben Sie nun *Photovoltaik* oder *Fotovoltaik, Eisen verarbeitend* oder *eisenverarbeitend, Flagshipstore oder Flagship-Store*? Beides geht in der neuen Rechtschreibung. Peinlich wird es nur, wenn in Ihrem Text die Varianten wechseln. Peinlich ist es auch, wenn Unternehmen nicht festgelegt haben, wie ihre Schlüsselbegriffe zu schreiben sind. Dann variieren diese Begriffe von Text zu Text, je nachdem, welche Schreibweise der Mitarbeiter gerade bevorzugt. Eine einheitliche Schreibweise in allen Schriftstücken ist ein absolutes Muss für die Außendarstellung eines Unternehmens. Abhilfe schafft hier ein Glossar für alle wichtigen Begriffe, das für alle Mitarbeiter zugänglich und verbindlich ist.

Tipp 4: Arbeiten Sie mit einem aktuellen Wörterbuch

Unsere Rechtschreibung folgt manchmal recht absurden Regeln, die sich den wenigsten durch einmalige Einsicht erschließen. Die neue Rechtschreibung hat einige unlogische Schreibweisen abgeschafft, aber auch neue Unsicherheiten geschaffen. Da hilft nur eines: immer wieder nachschlagen. Der gelbschwarze Duden Band 1 ist eine gute Anlaufstelle für alle Zweifelsfälle. Wo mehrere Schreibvarianten möglich sind, empfiehlt der Duden eine. Das ist hilfreich, wenn Sie sich im Team schnell auf eine Schreibweise einigen müssen: Dann legen Sie einfach fest, dass die Duden-Empfehlungen gelten. Der Duden gilt als progressiv und seine Empfehlungen sind nicht unumstritten; sein Hauptkonkurrent, der Wahrig, ist mit Empfehlungen zurückhaltender und bildet den Variantenreichtum neutraler ab. Das liegt jenen Schreibern, die sich in ihrer Wahlfreiheit nicht beeinflussen lassen wollen. Ansonsten sind beide Werke gleich benutzerfreundlich: Hier wie dort finden Sie neben dem alphabetischen Wörterverzeichnis auch Erläuterungen zu allen Grundsatzfragen der Rechtschreibung und Infokästen für die besonders kniffligen Fälle.

Für welche Ausgabe Sie sich auch entscheiden: Kaufen Sie auf jeden Fall eine neue – auf dem aktuellen Stand ist nur, was seit Sommer 2006 auf dem Markt ist. Wenn Sie viel schreiben, lohnen sich auch noch andere Wörterbücher und Regelwerke, zum Beispiel ein Synonym-Wörterbuch, ein Zweifelsfall-Ratgeber oder ein Fremdwörterlexikon.

In welchen Fällen lohnt es, lieber einmal mehr nachzuschlagen als zu wenig? Es gibt ein paar Gefahrenzonen, wo der Reform-Wirrwarr Unsicherheit schuf, die PC-Korrekturfunktion gerne verrückt spielt und das eigene Gedächtnis wenig Halt findet:

- Zeichensetzung bei Fragen wie: Kommt vor dem „und" ein Komma? Kommt nach Auslassungspunkten am Satzende noch ein Schlusspunkt? Wann steht ein Semikolon?
- Groß- und Kleinschreibung bei Fragen wie: Heißt es nun „jeder Zweite" oder

„jeder zweite"? „Vor Kurzem" oder „vor kurzem"? Etwas „auf deutsch" oder „auf Deutsch" sagen? „Heute abend" oder „heute Abend"?

- Getrennt, zusammen oder mit Bindestrich: Schreibt man nun „Ratsuchende" oder „Rat Suchende"? „Kennenlernen" oder „kennen lernen"? „Kongressstadt" oder „Kongress-Stadt"? „4-mal" oder „4 Mal" oder „4mal"?
- Silbentrennung: Stra-ße oder Stras-se? Zuk-ker oder Zuck-er oder Zu-cker?

Wenn Sie für eine kurze Zeit häufig Ihr Wörterbuch konsultieren, prägt sich Ihnen bald ein, wo unsere Rechtschreibung Varianten zulässt und wo nicht. Schon innerhalb kurzer Zeit reduziert sich die Notwendigkeit des Nachschlagens auf ein erträgliches Maß.

Tipp 5: Entscheiden Sie im Zweifelsfall für die Leserfreundlichkeit

Je vertrauter Sie mit der neuen Rechtschreibung werden, desto stärker werden Sie sich der Freiheiten bewusst, die sie Ihnen lässt. Setzen Sie also Ihre Kommata so, dass Sie den Lesefluss optimal steuern. Trennen Sie Worte nur in Silbenkombinationen, die leicht lesbar und unmissverständlich sind (also nicht: bein-halten, Anal-phabet). Schreiben Sie schwer erfassbare Worte mit Bindestrich (Kaffee-Ersatz, Text-Ende, Druck-Erzeugnis). Dasselbe gilt für den Fall, wenn die Meinungen verschieden sind und kein Wörterbuch weiterhilft: Schreiben Sie es so, wie man es am besten lesen kann.

Tipp 6: Nutzen Sie Ihre Rechtschreibkorrektur-Funktion – aber nur bedingt

Niemand ist so naiv, sich ausschließlich auf die Rechtschreib- und Grammatik-Korrekturfunktion im Textverarbeitungsprogramm zu verlassen. Der sicherste Umgang mit dieser Funktion ist: Sie lassen sie im Hintergrund laufen, so dass Unstimmigkeiten im PC-Dokument sofort angezeigt werden, meistens rot oder grün unterringelt. Zum Schluss sehen Sie sich alle unterringelten Stellen noch einmal genauer an: Entweder Sie erkennen den Fehler sofort oder Sie fragen die Rechtschreibprüfung, was in diesem Fall gemeint war. In allen Fällen korrigieren Sie manuell.

Kaum jemand lässt den kompletten Text durch die Korrekturfunktion laufen. Warum? Weil es zu viele Begriffe und Eigennamen gibt, die die Prüfung nicht als richtig erkennt, und weil man sich schnell mal verklickt zwischen Befehlen, wie: „Ignorieren", „Alle ignorieren", „Hinzufügen", „Löschen", „Alle Löschen", „Autokorrektur".

Tipp 7: Prüfen Sie Eigennamen und Zahlen doppelt und dreifach

Den Ansprechpartner falsch buchstabiert, der Vorstandsvorsitzende in diesem Jahrhundert geboren, der Umsatz durch eine falsche Kommastelle auf ein Hundertstel geschrumpft – das verzeiht kein noch so gnädiger Leser. Bei Zahlen und Namen lohnt sich jeder letzte Blick, bevor der Text auf die Reise geht.

Tipp 8: Achten Sie auf Ihre Cut & Paste-Zonen

Wie schön, dass wir unseren Text so flott und spurlos umstellen können auf dem PC. Doch oft räumen wir nicht gründlich genug auf. Die verwaisten Satzfetzen, Wortdreher, Lücken und Doppelungen nach unseren Cut & Paste-Operationen übersehen wir gerne, wenn wir den eigenen Text korrigieren. Dort, wo wir am meisten gelöscht und geschoben haben, müssen wir äußerst konzentriert Korrektur lesen.

Tipp 9: Prüfen Sie Ihre Verweise im Text

Heißen Ihre Überschriften und Kapitelnamen am Textende noch genauso wie am Anfang? Stimmen alle Nummerierungen und Seitenzahlen noch? In jedem Satz mit „... siehe ...“ oder „... wie bereits in ... erwähnt ...“ steckt eine potentielle Fehlerquelle.

4. Der Umgang mit dem Leser

Im Arbeits- und Geschäftsleben schreiben wir, um bei anderen Menschen etwas zu erreichen. Unsere Texte sind im Grunde Gespräche und meistens in tatsächliche Gespräche eingebunden: Auf einen Werbebrief folgt ein Telefonat, auf das Telefonat folgt ein Angebot, nach dem Angebot wird wieder telefoniert. Auf eine Besprechung folgt ein Protokoll, danach telefonieren die Teilnehmer untereinander oder tauschen E-Mails aus, dann schreibt einer einen Statusbericht an alle. Dieser Wechsel von Gespräch und Text treibt Projekte oder Geschäfte voran.

Im Gespräch fällt es leichter, sich auf den Partner einzustellen. Nach jedem Verhaltensschritt bekommen wir von ihm sofort Rückmeldung – durch seine Zwischenfragen und Kommentare, aber auch durch seinen veränderten Tonfall, sein Lachen oder Schweigen. Ob am Telefon oder von Angesicht zu Angesicht: Nach jeder neuen Rückmeldung korrigieren wir sofort unser Verhalten und stellen uns immer wieder neu auf den Partner ein.

Beim Schreiben bekommen wir diese sofortige Rückmeldung vom Partner nicht. Uns bleibt nichts anderes übrig, als die Wirkung unserer Verhaltensschritte richtig einzuschätzen und die Reaktionen des Lesers vorauszuahnen. Im letzten Kapitel haben Sie das Prinzip des vorausgeahnten Gesprächs bereits kennen gelernt. In diesem Kapitel vertiefen wir dieses Prinzip. Wir vergegenwärtigen uns die Verhaltensschritte für die häufigsten Schreibanlässe: für das Werben, Kritisieren, Entschuldigen, Widersprechen, Ablehnen, Anleiten und Referieren. Hier finden Sie einen Schreibknigge, der Ihnen Schritt für Schritt Hinweise gibt, wie Sie Ihren Leser besser erreichen und unbeabsichtigte Konfrontationen vermeiden.

4.1 Werben

Werbende Texte sind unter anderem: Werbebriefe, Angebotsschreiben, Internetauftritte, Bewerbungsanschreiben, Vorschläge, Entscheidungsvorlagen, Präsentationen, Firmendarstellungen. Diese Textsorten unterscheiden sich zwar in Ton, Form und Länge, ihnen allen liegt jedoch dasselbe Verhaltensmuster des Werbens zugrunde. Anhand dieses Musters können Sie werbende Texte strukturieren und für Ihre individuelle Situation verfassen.

Grundhaltung beim Werben

Der Umworbene will von Ihnen keine umfassende Leistungsschau, sondern – vorerst – einen einzigen, aber überzeugenden Grund, warum er sich auf Ihren Vorschlag einlassen soll. Sie spitzen also Ihr Angebot auf seine Bedürfnisse zu.

Beim werbenden Schreiben versetzen Sie sich völlig in die Perspektive des Lesers. Sie treten als selbstbewusst Dienender auf: Sie zeigen, was er sehen will, vermitteln aber stets das Gefühl, noch mehr in petto zu haben.
Eventuelle Einwände und Fragen sehen Sie voraus und gehen im Text darauf ein, noch bevor der Leser sie sich bewusst stellt. Sie nehmen Ihrem Leser die Arbeit des Nachdenkens darüber ab, ob Ihr Angebot taugt oder nicht. Solange der Leser Ihre Argumente für einleuchtend hält, hat er durchaus nichts dagegen, von der ersten bis zur letzten Zeile zum „Ja" geführt zu werden.

Die Verhaltensschritte für das Werben im Text

Einen werbenden Text können Sie sich als Begegnung vorstellen, die in drei Abschnitten verläuft. In jedem Abschnitt stellen sich Ihnen andere Aufgaben:

1. **Versprechen.** Sie formulieren aus Ihrem Angebot das attraktivste Versprechen, das Sie Ihrem Leser geben können. Es muss den Leser sofort berühren. Außerdem sollte er neugierig werden, wie Sie dieses Versprechen erfüllen werden.
2. **Beweisen.** Sie liefern Fakten, die Ihr Versprechen konkret und plausibel machen. Sie beantworten die vorausgeahnten Fragen und Einwände. Sie erwähnen zusätzliche Vorteile, so dass der Leser den Eindruck bekommt, Ihr Angebot liefert sogar noch mehr als eingangs versprochen.
3. **Ermuntern.** Sie zeigen dem Leser, was er tun muss, um in den Nutzen Ihres Angebots zu kommen.

1. Das Versprechen

Was versprechen Sie in einem werbenden Text? Sie versprechen dem Leser einen Nutzen, den er hat, wenn er auf Ihr Angebot eingeht. Ihren Text eröffnen Sie mit dem attraktivsten Nutzenversprechen, das Sie dem Leser geben können. In einem Werbebrief wäre es das Produktmerkmal, das der Leser am heißesten begehrt. In einem Bewerbungsanschreiben wäre es die Qualifikation, die der Arbeitgeber am dringendsten sucht. In einer werbenden Firmendarstellung wäre es die Leistung, die Ihre Kunden am meisten schätzen. In einer Entscheidungsvorlage wäre es der größte Vorteil des zu genehmigenden Projekts.

Oft erfordert es einiges Nachdenken, aus dem eigenen Angebot das attraktivste Nutzenversprechen für den Leser zu destillieren:

- Es sollte ein klares Signal geben. Der Leser soll schnell begreifen, welches seiner vielen Bedürfnisse, Probleme oder Projekte Sie gerade ansprechen.
- Es sollte konkret sein. „Eine tolle Überraschung für Sie" als Versprechen in einem Werbebrief nimmt der Leser entweder von vorneherein nicht ernst oder es enttäuscht spätestens dann, wenn Sie im nächsten Verhaltensschritt beweisen müssen, wie toll die Überraschung wirklich ist.

- Es sollte möglichst schnell kommen. Wenn Sie Ihren Leser erst lang und breit auf Ihr Versprechen einstimmen müssen, dann ist es entweder unpassend oder nicht attraktiv genug.

Je genauer Sie wissen, was Ihr Leser will, desto einfacher ist es, diese Kriterien zu erfüllen. Bei einem Angebotsschreiben zum Beispiel bestätigen Sie kurz, dass Sie die Wünsche des Kunden verstanden haben, und liefern dann Ihr attraktivstes Nutzenversprechen:

> ... vielen Dank für Ihr Interesse an unserem Telefontraining. Sie sagten uns, in Frage kämen nur kurze Trainingseinheiten für höchstens drei Mitarbeiter auf einmal. Unser Konzept dürfte Sie interessieren: *Es zieht keinen Mitarbeiter länger als zwei Stunden vom Tagesgeschäft ab.*

Wenn Sie unternehmensintern für Ihre Idee werben, schreiben Sie kurz, was Sie vorhaben, und liefern Sie dann Ihr attraktivstes Nutzenversprechen:

> Ich schlage vor, einen Vierfarb-Laserdrucker anzuschaffen. *Noch in diesem Jahr sparen wir damit Geld und unsere Entwürfe erreichen den Kunden doppelt so schnell.*

In einem Bewerbungsanschreiben können Sie aus der Stellenanzeige schlussfolgern, was der Arbeitgeber am dringendsten sucht. Erwähnen Sie es kurz und liefern Sie dann Ihr attraktivstes Nutzenversprechen:

> ... in Ihrer Stellenanzeige suchen Sie nach einem erfahrenen Vertriebsleiter, der sich nicht scheut, Aufbauarbeit zu leisten. *Wie wäre es mit jemandem, der bereits in einem Ihrer Zielmärkte lebt, in Ihrer Branche arbeitet und mit wertvollen Kontakten helfen kann?*

In einem Werbebrief steht das attraktivste Nutzenversprechen bereits in der Betreffzeile und wird im ersten Absatz weiter ausgeführt:

> *Steigern Sie Ihren Erfolg in Japan – mit makellosen Texten!*
>
> Sehr geehrter Herr Meier,
> aus Ihrem Pressebericht erfuhr ich, dass Sie sich verstärkt auf Japan konzentrieren. Darf ich zu Ihrem Erfolg beitragen? Englische Texte mögen dort in Köpfe eindringen, doch japanische Texte erobern das Herz ...

Bei Werbebriefen, die Sie ohne vorherigen Kontakt versenden, haben Sie natürlich weniger Anhaltspunkte, was das attraktivste Nutzenversprechen gerade sein könnte und sind stärker auf Ihre eigene Einschätzung angewiesen. Trotzdem nennen Sie auch hier möglichst ohne Umschweife Ihr attraktivstes Nutzenversprechen. Einige Kniffe mögen hier helfen. So können Sie zum Beispiel noch ein verlockendes Extra hinzufügen:

> *Fitness zu schlanken Preisen – und einen Gratis-Verwöhntag für Sie*
>
> Sehr geehrter Herr Meier,
> wenn Sie kraftvoll in den Frühling starten wollen, freuen Sie sich: Bis zum 1. Mai nutzen Sie unseren Fitnessbereich besonders günstig. Aber das ist noch nicht alles: Nehmen Sie sich einen Tag frei und genießen Sie gratis unser volles Verwöhnprogramm!

Oder Sie beginnen mit einer Aufforderung und begründen diese mit Ihrem attraktivsten Nutzenversprechen:

> *Lebensmittelechte Kunststoffverpackungen? Fragen Sie uns!*
>
> Denn, sehr geehrter Herr Meier,
> *in Europa sind wir die einzigen Verpacker, die nach denselben strengen Sicherheitsstandards arbeiten wie Sie als Lebensmittelproduzent.*

Wenn Ihr Versprechen erklärungsbedürftig ist, halten Sie die Erklärung so kurz wie möglich, dann liefern Sie Ihr attraktivstes Nutzenversprechen:

> 242.700 Viren, Spam-Mails und Spionageprogramme attackieren,
> sehr geehrter Herr Meier, den durchschnittlichen Computer im Büro. Monat für Monat. *Doch Sie brauchen sich darum nicht zu kümmern: Wir prüfen Ihr System regelmäßig, vor Ort und zu einem vernünftigen Preis.*

Sobald Sie Ihr attraktivstes Nutzenversprechen gegeben haben, ist der erste Schritt des Werbens beendet. Sie haben beim Leser eine positive Erwartungshaltung geschaffen, jetzt ist er bereit für weitere Informationen.

2. Das Beweisen

Findet der Leser Ihr Versprechen attraktiv, dann will er sich überzeugen, dass an der Sache kein Haken ist und Sie den versprochenen Nutzen liefern können. Das tun Sie, indem Sie ihm konkret und einleuchtend erklären, wie der Nutzen zustande kommt. Bei einem Bewerbungsanschreiben wären es diejenigen Details aus Ihrem Lebenslauf, die Ihr Versprechen erfüllbar scheinen lassen. Bei einem Projektvorschlag können Sie das bisherige Problem verdeutlichen, dann Schritt für Schritt zeigen, wie Sie es lösen, und – wenn es geht – den Nutzen Ihrer Lösung vorrechnen. Bei einem Werbebrief beschreiben Sie die Einzelheiten Ihres Angebots, die skeptischen Fragen vorbeugen und zusätzlichen Nutzen schildern.
Hier einige Tipps, wie Sie Ihren Beweis überzeugend führen:

- Schreiben Sie nur das, was Ihrem Versprechen dient. Werbende Texte dienen dazu, dem Leser die Entscheidung einfach zu machen. Je geradliniger Ihre Argumentation zum „Ja" führt, desto besser. Wenn Sie mehrere Alternativen anbieten müssen, dann schreiben Sie ganz genau, für welche Situation sich eine Alternative am ehesten lohnt. Auf keinen Fall sollte sich Ihr Leser mit einer Entweder-oder-Entscheidung plagen müssen.
- Übersetzen Sie Ihr Angebot in Nutzenargumente. Formulieren Sie den konkreten Nutzen aus der Perspektive des Lesers. Die Arbeitsformel dafür ist: „Das bedeutet für Sie ..."
- Versetzen Sie sich in die Lage Ihres Lesers und fragen Sie sich, welche konkreten Vorteile er von Ihrem Angebot hat. Es gibt eine wirksame Übersetzungsformel, mit der Sie jedes Element Ihres Angebots in Nutzenargumente verwandeln. Sie lautet: „Das bedeutet für Sie ...".

Angebot (Perspektive des Schreibers)	Übersetzt mit „Das bedeutet für Sie"
Ich arbeite in einem engen Netzwerk von Fachkollegen.	Ich kann für Sie auch ehrgeizige Projekte innerhalb kurzer Zeit realisieren.
Wir haben bewusst in hohe Produktions- und Lagerkapazitäten investiert.	In der Regel bekommen Sie das gewünschte Produkt innerhalb von xx Stunden.
Wir bieten Ihnen One-Stop-Shopping.	Sie sparen sich Lieferwege, Frachtkosten und Kompatibilitätsprobleme.

Auf diese Weise nehmen Sie dem Leser die Arbeit ab, von Ihrer Leistung auf seinen Vorteil zu schließen.

- Erahnen Sie die Fragen des Lesers. Überlegen Sie sich nach jedem Nutzenargument: Welche Einwände, Fragen oder Zweifel könnte der Leser jetzt haben? Oft hilft es, sich selbst mit solchen Fragen zu testen und dann einleuchtende Antworten zu geben. Im Text können Sie so eine Frage dem Leser direkt in den Mund legen:

  Warum ich so sicher bin, Sie in Ihrem Japan-Geschäft unterstützen zu können? Weil ich dort zehn Jahre in Ihrer Branche verkauft habe.

  Oder Sie beantworten die Frage indirekt:

  Zehn Jahre in der Marketingabteilung eines japanischen Elektronik-Unternehmens haben mir gezeigt: Dort verkauft man anders!

- Bringen Sie wenige starke Argumente. Nur wenn keine weiteren Gespräche mehr anstehen, können Sie Ihr gesamtes Pulver verschießen. Wenn Ihr Werbe- oder Verkaufsprozess in Etappen verläuft, dann überlegen Sie sich gut, was Sie in weiteren Gesprächen und Texten anbieten werden.
- Sichern Sie sich Glaubwürdigkeit durch Dritte. Wer wirbt, hat einen großen Nachteil: Oft lässt sich nichts von dem, was er behauptet, prüfen und beweisen. Deshalb holen Sie sich, wo immer es geht, Zeugen ins Boot, die Ihre Behauptungen stützen. Das können sein: das Lob eines Kunden, Ergebnisse einer unabhängigen Untersuchung, das Zitat einer unangefochtenen Autorität.

3. Das Ermuntern

Sie haben Ihren Leser überzeugt und er will eigentlich auf Ihr Angebot eingehen. Damit sein guter Vorsatz nicht einschläft oder von anderen Vorhaben verdrängt wird, schlagen Sie in einem letzten Schritt etwas Konkretes vor, das er ohne Mühe und möglichst unmittelbar danach tun kann. Überlegen Sie sich also, was Sie jetzt von Ihrem Leser wollen. In einem Projektvorschlag können Sie Schritt für Schritt schildern, was geschehen muss, um das Projekt ins Laufen zu bringen. Sie können Fristen setzen, bis wann Sie bestimmte Entscheidungen brauchen und diese begründen. In Werbebriefen können Sie den Leser ermuntern, Sie anzurufen, weitere Informationen zu verlangen oder gleich das Produkt zu kaufen. In Werbebriefen und Angebotsschreiben können Sie noch mehr tun:

- Erleichtern Sie Ihrem Leser das Handeln. Das könnte mit einem vorformulierten Antwortschreiben geschehen, das Ihr Leser nur noch anzukreuzen und abzuschicken braucht.
- Verwenden Sie die „magischen Worte" – so abgegriffen sie auch sein mögen, diese Worte senken zuverlässig jede Hemmschwelle: *einfach, gern, gratis, Geschenk, selbstverständlich, leicht.*
- Schreiben Sie einen Nachsatz. Viele Werbebriefe verwenden dafür das PS, weil es zu den ersten Dingen gehört, die überhaupt gelesen werden. So können Sie noch einen wichtigen Zusatznutzen oder ein großzügiges Extra unterbringen – als letzten Anstoß, den es zum Handeln braucht.

Hier ein Beispiel für das Ermuntern in Werbebriefen, es macht das Handeln leicht, verwendet magische Worte und lockt noch einmal mit einem Nachsatz:

> Sie wollen mehr über unsere Reisen erfahren? Das ist ganz leicht: Kreuzen Sie auf der Liste an, was Sie an Informationsmaterial brauchen. Wir schicken es Ihnen noch am selben Tag. Sie haben es eilig? Dann rufen Sie uns einfach an: 069 654 654.
>
> Es grüßt Sie aus dem verschneiten Toronto
>
> ...
>
> PS: Für jede Anfrage schicken wir Ihnen gratis einen prachtvollen Kanada-Bildband. Den dürfen Sie selbstverständlich in jedem Fall behalten.

4.2 Kritisieren

Wenn Sie ein Produkt bei einem Lieferanten reklamieren, wenn Sie auf Fehlverhalten von Mitarbeitern oder Kollegen hinweisen, oder wenn Sie eine Mahnung schreiben, dann begeben Sie sich auf konfliktträchtiges Terrain. Wenn dann noch Emotionen wie Wut im Spiel sind, ist die Gefahr beim Schreiben besonders groß, den Konflikt eskalieren zu lassen statt schnell eine günstige Lösung herbeizuführen. Auch für das Kritisieren gibt es ein Grundmuster, an das Sie sich halten können. Es bewahrt vor Eskalation und bewirkt die gewünschte Veränderung mit der höchsten Wahrscheinlichkeit.

Grundhaltung beim Kritisieren

Am erfolgreichsten ist die Kritik dann, wenn Sie den Kritisierten selbst zur Einsicht seines Fehlers gelangen lassen. Das bedeutet für Sie als Schreiber: äußerste Zurückhaltung bei Vorwürfen, Anklagen und Beschuldigungen. Denn diese geraten allzu leicht außer Kontrolle, wenn man allein am Schreibtisch sitzt. Stattdessen versuchen Sie lieber, sich ganz auf *Ihr* Problem zu konzentrieren, auch wenn der andere daran „Schuld hat". Das bedeutet, Sie entfernen sich von der Anklage und beschränken sich auf die Feststellung: „Ich habe ein Problem." Diese Haltung erfordert etwas mehr Disziplin, löst aber Ihr Problem meistens schneller.

Die Verhaltensschritte für das Kritisieren im Text

1. **Tatsachen feststellen**. Sie beschreiben exakt, was zum Problem geführt hat.
2. **Auswirkungen schildern**. Sie beschreiben Ihr Problem und die Folgeprobleme für andere.
3. **Lösung herbeiführen**. Sie bitten den Kritisierten um eine Lösung oder Sie diktieren ihm Ihre Lösung. Je nachdem, wie viel Spielraum Sie dem Kritisierten gewähren wollen.

1. Tatsachen feststellen

In diesem Schritt beschreiben Sie so sachlich und neutral wie möglich das Verhalten des anderen, das Ihr Problem ausgelöst hat. Wenn Sie dabei die folgenden Tipps befolgen, vermeiden Sie ungewollte Konfrontationen:

- Vorsicht bei der direkten Anrede! Verwenden Sie die direkte Anrede mit „Sie" nur dann, wenn der Leser persönlich der Verursacher war. Ist Ihr Leser nur der Empfänger einer Reklamation und sind Dritte die Verursacher, dann weichen Sie aus auf Ich-/Wir-Botschaften, das Passiv oder den Verweis auf Dritte:

Lieber nicht	Besser
Bei der Wartung der Druckmaschine haben Sie Folgendes übersehen:	*Ich-/Wir-Botschaft:* Nach der Wartung der Druckmaschine stellten wir folgende Mängel fest:
	Passiv: Bei der Wartung der Druckmaschine ist Folgendes übersehen worden:
	Verweis auf Dritte: Bei der Wartung der Druckmaschine hat Ihr Servicemitarbeiter Folgendes übersehen:

  Damit verhindern Sie, dass der Leser sich zu Unrecht angegriffen fühlt und gegen Ihr Anliegen Barrieren aufbaut. Bestenfalls gewinnen Sie ihn so als Verbündeten für eine schnelle und befriedigende Lösung.
- Beschränken Sie sich in Ihrer Feststellung auf das, was als sicher gelten darf und belegbar ist. Alles, was sich außerhalb dieses gesicherten Bereichs abspielt, äußern Sie lieber in begründeten Vermutungen:

Lieber nicht	Besser
Gestern haben Sie ohne zu fragen die Kundenakte von meinem Schreibtisch mit nach Hause genommen.	Ich hatte mir die Kundenakte auf den Schreibtisch gelegt, doch später war sie nicht mehr aufzufinden. Da außer Ihnen keiner mehr im Büro war, vermute ich ...

- Vermeiden Sie vage Pauschalurteile, denn die helfen dem Leser kaum, sein Verhalten zu verbessern. Bleiben Sie so spezifisch wie möglich, so dass der Leser weiß, welche Veränderung Sie genau wünschen:

Lieber nicht	Besser
Mir scheint, dass in letzter Zeit etwas Chaos in deinem Team herrscht.	Die Buchhaltung beschwert sich über zwei fehlende und fünf zu spät eingereichte Abrechnungen.

- Vermeiden Sie Verabsolutierungen – sie verstecken sich gern in den Wörtern *nie, immer, dauernd, ständig*. Machen Sie stattdessen Ihre Feststellung unanfechtbar mit präzisen Angaben:

Lieber nicht	Besser
Wir haben in letzter Zeit ständig Probleme mit Ihren Lieferterminen:	Das ist das vierte Mal in diesem Monat, dass wir die Lieferung zu spät erhalten haben.

- Vorsicht bei potentiell fiesen Wörtern wie *erst, mal, doch, wieder, wohl, schon, einmal.* Offenbaren sich darin Wut und Abwertung? Dann streichen Sie diese lieber:

Lieber nicht	Besser
Gestern hast du *mal* wieder vergessen, mir zu sagen ...	Gestern hast du vergessen, mir zu sagen ...
Sie hatten *wohl* Schwierigkeiten, einen geeigneten ...	*Satz streichen! Hinter dem Wort „wohl" steckt fast immer eine Unterstellung und die hat in Ihrer Kritik nichts zu suchen.*

2. Auswirkungen schildern

In diesem Schritt soll der Leser Ihr Problem so hautnah wie möglich nacherleben können. Reizen Sie Ihren Leser nicht zur Verteidigung, indem Sie ihm die Auswirkungen direkt vorwerfen. Lassen Sie lieber Ihr Problem für sich sprechen, mit konkreten Angaben über Ihre Verluste an Zeit, Ansehen oder Geld.

Lieber nicht	Besser
Weil du die Akte mitgenommen hast, haben wir beim Kunden einen ziemlich miesen Eindruck hinterlassen.	Ohne die Akte konnte ich dem Kunden kein konkretes Angebot machen. Der Kunde hatte eine Anreise von 500 km hinter sich. Mir blieb nichts anderes übrig, als mich für den sinnlosen Termin zu entschuldigen.

Genauso gehen Sie bei den Folgeproblemen vor. Sie schildern die Auswirkungen aus Ihrer Perspektive mit einer Ich-/Wir-Botschaft. Richten Sie nicht. Überlassen Sie es dem Leser, sein Verhalten selbst zu überprüfen.

Lieber nicht	Besser
Wegen Deiner Rücksichtslosigkeit habe ich wahrscheinlich einen Kunden und 15 000 € Umsatz verloren.	Mir blieb nichts anderes übrig, als mich für den sinnlosen Termin zu entschuldigen. Verständlich, dass sich der Kunde nun woanders umsieht. Damit wären uns 15 000 € Umsatz verloren gegangen.

3. Lösung herbeiführen

In diesem letzten Schritt bitten Sie den Kritisierten um einen Lösungsvorschlag. Je überzeugender und vorwurfsfreier Sie Ihr Problem und dessen Folgen geschildert haben, desto stärker müsste er sich einer befriedigenden Lösung verpflichtet fühlen. Wenn die Zeit drängt, setzen Sie ihm ein begründetes Ultimatum, so wie hier:

> Am 15. Mai muss die Installation bei unserem Kunden abgeschlossen sein. Wir brauchen deshalb bis spätestens 10. Mai Ersatz für die beschädigte Hardware. Was schlagen Sie vor?

Manchmal fehlt die Zeit, um seinen Lösungsvorschlag abzuwarten, oder es ist eindeutig, was nun passieren muss. Dann formulieren Sie Ihre Forderung am besten als Vorschlag. Ein gebieterischer oder selbstgerechter Ton schafft nur unnötige Ressentiments. Machen Sie es dem Kritisierten so leicht wie möglich, auf Ihren Vorschlag einzugehen.

Lieber nicht	Besser
Sie haben unsere Mitarbeiter einen halben Tag lang auf dem Trockenen sitzen lassen. Für diesen Ausfall erwarten wir ...	Wir müssen die Bauarbeiten übermorgen abschließen, deshalb schlagen wir Folgendes vor: ...
Ich möchte, dass dies das letzte Mal ist, dass du ohne Absprache mit der Kundenakte nach Hause verschwindest.	Können wir uns darauf einigen, dass Kundenakten niemals das Büro verlassen?

4.3 Sich entschuldigen

Wenn Sie eine berechtigte Kritik erhalten haben, werden Sie sich entschuldigen und die Angelegenheit aus der Welt schaffen wollen. Das geschieht in Ihren Antworten auf Reklamationen und Beschwerden aller Art. Eine gelungene Entschuldigung vertieft meistens die Loyalität Ihnen gegenüber (oder dem Unternehmen gegenüber, in dessen Namen Sie sich entschuldigen). Es lohnt sich also, sich genauer anzusehen, wie eine Entschuldigung im Text gut ankommt.

Grundhaltung beim Entschuldigen

Entschuldigungen wirken im Text nur dann, wenn Sie die vollständige Verantwortung für das entstandene Problem übernehmen und sich ehrlich um eine Lösung bemühen. Im Umkehrschluss heißt das: Sie gewinnen gar nichts, wenn Sie sich nur ein bisschen entschuldigen und dem anderen ebenfalls ein paar Fehler anlasten. Im Gegenteil, Sie heizen mit solchen Teilschuldverhandlungen nur neue Konflikte an. Eine Entschuldigung im Text muss eine eindeutige Geste sein: entweder ganz oder gar nicht.

Das bedeutet, erst einmal zu entscheiden, ob Sie sich überhaupt entschuldigen wollen. Wenn es nichts oder kaum etwas zum Entschuldigen gibt, dann widersprechen Sie lieber. Eine Entschuldigung schafft nur dann einen positiven Wert, wenn Sie auf jedes „Recht haben wollen" verzichten, selbst dann, wenn die andere Partei ebenfalls Fehler gemacht hat. Diese Großzügigkeit lohnt sich zum Beispiel fast immer im Umgang mit Kunden. Zufrieden gestellte Kunden sichern zukünftige Aufträge und verbreiten ein positives Bild Ihres Unternehmens.

Wie auch immer Sie sich entscheiden: Reagieren Sie sofort. Die Chancen auf eine „Reparatur" der Beziehung sinken, je mehr Zeit Sie verstreichen lassen.

Die Verhaltenschritte für das Entschuldigen im Text

1. **Bestätigen**. Sie zeigen, dass Sie die Perspektive Ihres Lesers erfasst haben und er in Ihnen einen Partner findet.
2. **Bekennen**. Sie zeigen, dass Sie die vollständige Verantwortung übernehmen.
3. **Lösung anbieten**. Sie schlagen dem Geschädigten eine Wiedergutmachung vor.
4. **Versichern**. Sie berichten, wie Sie die Schadensursache für immer beseitigt haben, und bitten um weitere gute Zusammenarbeit.

1. Bestätigen

In diesem ersten Schritt geben Sie den Sachverhalt der Beschwerde noch einmal wieder, ohne ihn klein zu machen oder zu manipulieren. An Sie gerichtete Beleidigungen und andere peinliche Stellen ignorieren Sie. Schildern Sie den Sachverhalt so, wie ihn der Leser selbst gerne wieder lesen möchte.

Ihr Leser schrieb	Sie machen daraus
Wegen Ihrer Schlamperei mit dem Schlüssel warteten wir zwei Stunden vor dem verdammten Ferienhaus. Schließlich machten wir uns auf die Suche nach einer anderen Unterkunft. Das kostete uns einen halben Urlaubstag.	Sie haben den Schlüssel nicht am vereinbarten Ort gefunden und mussten sich eine andere Unterkunft suchen. Dadurch haben Sie viel Zeit verloren, die eigentlich Ihrer Erholung dienen sollte.

Damit signalisieren Sie Ihrem Leser, dass Sie seine Situation erfasst haben. Wenn Ihr Leser zuvor heftige Gefühle geäußert hat, dann bestätigen Sie Ihren Leser auch in seinen Gefühlen. Das ist der schnellste und effektivste Rückweg zu einer produktiven Zusammenarbeit. Ihr Leser muss spüren, dass Sie seine Gefühle für normal und berechtigt halten. Bagatellisieren Sie – vor allem im Text – niemals die Gefühle des anderen! Verbieten Sie sich jede Ironie!

Ihr Leser schrieb	Sie erwidern darauf
Können Sie sich überhaupt vorstellen, wie wütend wir sind? Am liebsten würden wir Sie verklagen!	Ich verstehe es sehr gut, dass Sie darüber äußerst ungehalten sind. Ein Urlaub sollte schließlich nicht mit Stress beginnen.

Den Schritt *Bestätigen* haben Sie dann erfolgreich abgeschlossen, wenn Sie sich sicher sind, dass der Leser nach Ihren bestätigenden Zeilen aufatmend nickt und denkt: „Genau! Sie schreiben mir aus dem Herzen!"

2. Bekennen

In diesem Schritt kommen Sie zum Kern der Entschuldigung. Sie gestehen, dass der Fehler bei Ihnen liegt und dass Sie die volle Verantwortung dafür übernehmen. Sie tun dies ohne Einschränkung.

Sie haben völlig Recht: Wir haben darin versagt, Ihnen den Schlüssel zur vereinbarten Zeit zu hinterlegen.

Gibt es außergewöhnliche Gründe, wie es zu dem Fehler oder Versagen kam? Dann wäre jetzt der Moment, sie zu nennen. Schildern Sie Ihre eigene Perspektive behutsam und „hoffen Sie nicht auf Verständnis". Wenn Sie den Leser überzeugen können, dass alles nur Pech war, aber trotzdem die volle Verantwortung übernehmen, gewinnen Sie Vertrauen zurück.

Die Reinigungskraft, die sich um Ihr Ferienhaus hätte kümmern sollen, musste wegen eines Trauerfalls heute Morgen umgehend zu ihrer Familie zurück. Wir sind natürlich sofort losgefahren, um Sie vor Ort zu treffen. Um 16:20 h waren wir da. Wir scheinen uns um wenige Minuten verpasst zu haben ...

Nichts zu suchen haben in diesem Verhaltensschritt fadenscheinige Erklärungen, Rechtfertigungen oder Anspielungen auf die mangelnde Findigkeit Ihres Lesers. Derartige Ausflüchte verraten sich oft in „Eigentlich-Sätzen" wie:

Eigentlich hatten wir ja vereinbart, dass ...

Wir dachten, es müsste *eigentlich* genügen, wenn wir ...

Prüfen Sie die Zeilen, die Sie für diesen Verhaltensschritt geschrieben haben: Gibt es irgendetwas, was erneut Ärger auslösen könnte? Weist irgendetwas darauf hin, dass Sie – vielleicht nur ein bisschen – die Verantwortung von sich schieben? Streichen oder verändern Sie solche Stellen.

3. Lösung anbieten

Besteht das Problem noch für Ihren Leser, dann sollte Ihr Angebot schnellstmöglich Abhilfe schaffen. Sind Ihrem Leser Unannehmlichkeiten oder Kosten entstanden, dann sollte Ihr Angebot angemessen dafür entschädigen. Neue Loyalität sichern Sie sich, wenn Sie über das Erwartete hinaus noch ein „Extra" anbieten. Das kann sich durchaus dort im Text widerspiegeln, wo das Erwartete abgedeckt ist und das „Extra" beginnt:

> Sie bekommen die ausgefallene Übernachtung natürlich sofort gutgeschrieben und selbstverständlich übernehmen wir die Kosten für die Alternativunterkunft. Die erste Nacht kostet Sie also gar nichts. Darüber hinaus bekommen Sie drei Gratistage, wenn Sie sich noch einmal für einen Urlaub bei uns entscheiden.

Das Denken in den Kategorien „Erwartet" und „Extra" hilft Ihnen, das Lösungspaket richtig zusammenzustellen. Lässt sich Ihr Fehler leicht in der Kategorie „Erwartet" beheben, genügt ein kleines symbolisches Extra. Manchmal lässt sich jedoch der Fehler in der Kategorie „Erwartet" nur schwer wieder gutmachen, weil immaterieller Schaden wie Stress oder Zeitverlust entstanden ist. Dann sind beim „Extra" Großzügigkeit und Fantasie gefragt.

4. Versichern

In diesem abschließenden Schritt haben Sie die Chance, sich als Lernender oder lernendes Unternehmen zu präsentieren. Sie berichten, wie schnell, gründlich und dauerhaft Sie die Fehlerursache beseitigt haben. Der Leser erfährt, wie seine Beschwerde eine positive Veränderung bewirkt hat. So heben Sie ihn in den Rang eines wichtigen Erneuerers, bedanken sich für seinen Dienst und bitten – behutsam – um seine künftige Loyalität.

> Durch Sie haben wir gelernt, dass wir unser Übergabesystem noch sicherer machen müssen. Zukünftig werden wir ...
> Vielen Dank, dass Sie uns so deutlich auf dieses Problem hingewiesen haben. Hoffentlich nehmen Sie unser Angebot an – gerne möchten wir Sie davon überzeugen, wie angenehm ein Aufenthalt bei uns ist.

4.4 Widersprechen

Sie wollen sich einer bestimmten Sichtweise nicht anschließen und setzen stattdessen dem Leser Ihre eigene Sichtweise entgegen. Das tun Sie zum Beispiel in allen Antworten auf Beschwerden, Reklamationen oder Kritik, die Sie für ungerechtfertigt halten. Ein Widerspruch setzt einen Konflikt fort. Ein gelungener Widerspruch zeigt jedoch bereits Lösungswege auf und unterlässt alles, was den Konflikt eskalieren lassen könnte.

Grundhaltung beim Widersprechen

Sie machen deutlich, dass es zwei verschiedene Ansichten zum selben Problem gibt. Sie werten die Ansicht Ihres Lesers nicht ab und Sie werten Ihre eigene Ansicht nicht auf. Weder verurteilen Sie den Leser noch bestimmen Sie, wer Recht und wer Unrecht hat. Nachdem Sie Ihre Sicht der Dinge deutlich gemacht haben, lassen Sie den Leser selbst zu einer neuen Einschätzung kommen. Dadurch vermeiden Sie Kränkungen und schaffen Raum für eine konstruktive Lösung.

Die Verhaltenschritte für das Widersprechen im Text

1. **Bestätigen**. Wie beim Entschuldigen zeigen Sie, dass Sie das Anliegen des Lesers erfassen und respektieren.
2. **Dagegenhalten**. Sie schildern Ihre Sicht der Dinge.
3. **Resümieren**. Sie stellen fest, dass es abweichende Ansichten gibt.
4. **Lösung vorschlagen**. Sie schreiben, was Sie zur Problemlösung beitragen wollen.

1. Bestätigen

Dieser erste Schritt ist derselbe wie beim Entschuldigen: Sie geben die Sichtweise Ihres Lesers noch einmal so wieder, wie er sie selbst gerne lesen würde. Auch dann, wenn er Ihrer Meinung nach Unrecht hat. Bleiben Sie fair, relativieren Sie nichts, werten Sie nichts ab.

Sehr geehrte Frau Dr. Brockmeyer,

Sie schrieben uns, dass Ihre Telefonanlage nicht mehr funktioniert. Dies geschah bereits einen Tag, nachdem unser Techniker die Anlage installiert hatte. Sie meldeten den Störfall unserem technischen Kundendienst, der nicht reagierte, und nun sind Sie bereits 3 Tage ohne Telefonanschluss.

Keine Angst: Bestätigen heißt nicht Recht geben. Sie zeigen lediglich, dass Sie die Sichtweise des Lesers genau erfasst haben. Es hat einige Vorteile, vorab die Sicht des Lesers zu bestätigen und dann erst Ihre Sicht dagegen zu halten:

- Sie demonstrieren Souveränität, denn Sie wehren die Position des Lesers nicht sofort ab.
- Sie beugen Missverständnissen vor, denn Ihrer Bestätigung muss der Leser erst einmal zustimmen.
- Sie schaffen ein konstruktives Klima für Verhandlungen, denn der Leser ist nun herausgefordert, Ihre Sicht der Dinge ebenso fair zu behandeln.

2. Dagegenhalten

Für diesen wesentlichen Schritt des Widersprechens bleiben Sie am besten in der Ich-/Wir-Perspektive. Je seltener Sie die Fürwörter „Sie, Ihnen, Ihr, Ihre“

verwenden, desto weniger Angriffsfläche bieten Sie. Das gilt vor allem für den sensiblen Übergang vom Bestätigen zum Dagegenhalten:

Lieber nicht	**Besser**
Doch das haben Sie offensichtlich missverstanden, denn ...	Hier bei uns sieht man den Fall ganz anders: ...
Es ist keineswegs so, dass ...	Wir sind der Sache nachgegangen und bei uns ist ein vollkommen anderer Eindruck entstanden: ...

Schildern Sie Ihre Version des Geschehens so präzise und konkret wie möglich. Jede Vagheit schafft Raum für neue Missverständnisse. Jede Nachlässigkeit verlockt den Leser zum Gegenangriff. Alles, was Sie schreiben, muss einleuchtend und am besten eindeutig dokumentiert sein. Nennen Sie Uhrzeiten und Zahlen, wo immer es sich anbietet. Bei komplexeren Vorgängen sorgen Absätze oder Listenpunkte für Übersichtlichkeit.

Lieber nicht	**Besser**
Unsere Techniker haben sofort reagiert und festgestellt, dass jemand aus Ihrer Firma versucht hat, die Anlage umzuprogrammieren. Wir stellten die ursprünglichen Einstellungen wieder her. Danach funktionierte die Anlage wieder und Sie führten darauf auch Gespräche – bis die Anlage wieder manipuliert wurde.	• Unsere Techniker überprüften Ihre Anlage sofort per Ferneinwahl und stellten fest: Es hatte eindeutig jemand versucht, die Anlage umzuprogrammieren – und zwar um 15:27 h unter dem Login-Namen *ADrechsler*. • Unsere Techniker stellten dann die ursprünglichen Einstellungen wieder her und überprüften die Leitung. Zu diesem Zeitpunkt – 17:56 h am selben Tag – funktionierte der Anschluss störungsfrei. Deshalb hatten wir keine weitere Störung in unserer EDV gespeichert. • Von 17:56 h bis zum nächsten Morgen um 11:45 h funktionierte die Anlage einwandfrei, wir verzeichneten auch ein- und ausgehende Gespräche. Ein Gesprächsnachweis liegt bei. • Am nächsten Tag, nach Eingang Ihres Anrufs, prüften die Techniker die Anlage nochmals und mussten feststellen: Jemand hatte erneut versucht, die Anlage umzuprogrammieren – und zwar um 11:45 h, wieder unter dem Login-Namen *ADrechsler*.

3. Resümieren

In diesem Schritt stellen Sie fest, dass zwei verschiedene Ansichten existieren. Dabei ist es überflüssig, dem Leser mitzuteilen, wer jetzt Recht hat: Entweder Sie haben den Leser mit Ihrer Sicht des Geschehens überzeugt oder es gibt weiteren Diskussionsbedarf. Jeder Versuch, dem Leser vorzuschreiben, wie er nun die Situation zu beurteilen hat, blockiert eine Einigung.

Lieber nicht	Besser
Ihre Ansicht, wir hätten nicht reagiert, ist also schlichtweg falsch. Offensichtliche Manipulationen Ihrerseits haben unsere Bemühungen durchkreuzt.	Wie Sie sehen, haben wir uns nach Kräften bemüht, Ihren Anschluss schnellstens wiederherzustellen. Bitte prüfen Sie, wer in Ihrer Firma die Telefonanlage umprogrammiert und warum.
Wir sind deshalb davon überzeugt, auch in Ihrem Fall und in Ihrem Sinne richtig gehandelt zu haben.	Sie sehen: Es gibt ein Problem und zwei Sichtweisen. Wie machen wir weiter?
Wir haben uns deshalb nicht das Geringste vorzuwerfen.	Wir haben noch einmal alle Schritte nachgeprüft und konnten keinen Fehler finden. Sollten wir trotzdem etwas übersehen haben, melden Sie sich bitte.

4. Lösung vorschlagen

Jetzt teilen Sie Ihrem Leser mit, was Sie zur Lösung beitragen wollen. Weil Sie das Geschehen anders sehen als Ihr Leser, werden Sie seinen Erwartungen wahrscheinlich nicht völlig entsprechen. Bringen Sie die unangenehmen Nachrichten zuerst, dann die angenehmen:

> Bitte verstehen Sie, dass wir Ihnen deshalb keinen kostenlosen Ersatz liefern können. Wenn Sie sich für eine zweite Bestellung entscheiden, kommen wir Ihnen entgegen: Wir übernehmen die Versand- und Frachtkosten für die Express-Zustellung, so dass Sie bereits morgen ...

4.5 Ablehnen

Wie schreiben Sie am besten „Nein“, ohne Ihren Leser übermäßig zu enttäuschen, zu demotivieren oder gar zu kränken? Je näher Ihnen der Leser steht, desto wünschenswerter wäre dies bei allen Bitten, Anfragen, Vorschlägen, Bewerbungen, Einladungen oder Anträgen, die Sie abschlägig beantworten.

Grundhaltung beim Ablehnen

Sie grenzen möglichst präzise ein, was Sie ablehnen: weg von der Person, weg von der Gesamtleistung und hin zu den einzelnen Gründen Ihrer Ablehnung, die Sie so einleuchtend wie möglich beschreiben. Wie viel Mühe Sie sich dabei geben, hängt von zwei Faktoren ab: 1. wie sehr Sie auf die zukünftige Kooperation mit Ihrem Leser angewiesen sind; 2. wie viel Aufwand der Leser für das betrieben hat, was Sie nun ablehnen.

Die Verhaltensschritte für das Ablehnen im Text

Ablehnen können Sie auf drei verschiedene Arten. Jede hat ihre Vor- und Nachteile:

1. **Ablehnen ohne Gründe**
2. **Erst ablehnen, dann begründen**
3. **Erst begründen, dann ablehnen**

1. Ablehnen ohne Gründe

Sie teilen dem Leser mit, dass Sie nicht in seinem Sinne entschieden haben, und wünschen ihm alles Gute. Diese Art der Ablehnung macht am wenigsten Arbeit und ist dann vertretbar, wenn Sie auf die zukünftige Kooperation Ihres Lesers verzichten können.

Bei Ablehnungsschreiben an erfolglose Stellenbewerber empfiehlt sich aufgrund des Gleichbehandlungsgesetzes ebenfalls eine grundlose Ablehnung. Gegen dieses Gesetz verstoßen zum Beispiel Ablehnungsgründe wie Alter, Herkunft oder Geschlecht.

2. Erst ablehnen, dann begründen

Diese Art der Ablehnung wenden wir im Gespräch am häufigsten an. Wir sagen ohne große Umschweife „Nein“, registrieren dann das Maß an Enttäuschung und reagieren entsprechend mit Begründungen oder Trost.

Im Text wirkt die Ablehnung vorneweg zwar kühler als im Gespräch, dennoch setzt sich diese Art auch dort immer mehr durch. In den meisten Fällen möchte Ihr Leser sofort wissen, wie Sie entschieden haben, und nicht lange um den heißen Brei geführt werden.

Diese Art der Ablehnung empfiehlt sich für die meisten Anlässe.

3. Erst begründen, dann ablehnen

Hier nehmen Sie den Leser mit in Ihren Entscheidungsprozess und erklären ihm Schritt für Schritt, was alles dagegen spricht. Am Ende steht dann die längst erwartete Schlussfolgerung, Ihr „Nein“.

Diese Variante ist in zwei Situationen die bessere:

- Wenn sich Ihre Begründung aus Informationen speist, die dem Leser unbekannt sind und ihm eine völlig neue Sachlage eröffnen.

  Gestern haben wir erfahren, dass ab Oktober alle Asienprojekte über unser Tochterunternehmen abgewickelt werden. Das hat für uns einige Konsequenzen, wie ... Dadurch wird Ihr Vorschlag leider hinfällig ...

- Wenn Sie aus privaten Gründen etwas ablehnen und den Leser auf Ihre Situation einstimmen wollen.

Heute Morgen ist unsere Tochter an Mumps erkrankt, was unsere Terminplanung ziemlich durcheinander bringt. Wir werden es nicht schaffen, kurzfristig eine Kinderbetreuung zu organisieren. Deshalb kann ich morgen leider nicht zu Ihrem Vortrag kommen.

Tipps fürs Begründen

- Am besten argumentieren Sie strikt von Ihrem Standpunkt und Ihren Interessen aus. So vermeiden Sie, dass sich der Leser in seinen Interessen manipuliert fühlt.

Lieber nicht	Besser
Wir halten es für nicht zumutbar, einen Vater von zwei Kindern für drei Jahre nach China zu entsenden. Finden Sie nicht auch, dass dieses Projekt eine zu große Belastung für Ihre Familie ist?	Wir entsenden nur in Ausnahmefällen Mitarbeiter mit ihren Familien ins nichteuropäische Ausland. Denn dies kostet das Unternehmen mindestens doppelt so viel wie die Entsendung einer Einzelperson.

- Finden Sie ein positives und verbindliches Ende – vor allem dann, wenn Sie mit dem Leser weiterhin produktiv zusammenarbeiten wollen. Ihre überzeugenden, feinfühligen Begründungen verlieren an Wirkung, wenn Sie Ihren Leser mit Allerweltsfloskeln verabschieden.

Lieber nicht	Besser
Wir danken Ihnen trotzdem herzlich für Ihr Engagement und Interesse und wünschen Ihnen für die Zukunft alles Gute und viel Erfolg!	Diesmal hat es nicht geklappt, aber Situationen ändern sich oft. Ihr Angebot interessiert mich weiterhin. Bitte informieren Sie mich über Ihre neuen Projekte.
Vielen Dank für Ihre Bemühungen. Ich hoffe, Sie sind nicht allzu sehr enttäuscht.	Ich schätze die Zusammenarbeit mit Ihnen sehr. Darf ich weiterhin mit Ihrem Engagement rechnen? Vielleicht sehen wir uns am ..., dann können wir Alternativen besprechen.

4.6 Anleiten

Sie wollen Ihren Leser dazu befähigen, eine bestimmte Aufgabe möglichst fehlerfrei zu lösen. Darum geht es in allen Handlungsanweisungen, Bedienungsanleitungen oder Hilfetexten, aber auch in spontanen Hilfestellungen per E-Mail.

Grundhaltung beim Anleiten

Sie überlegen sich, was Ihr Leser für die bevorstehende Aufgabe alles nicht wissen könnte. Von dieser maximalen Unwissenheit gehen Sie aus. Sie zerlegen Ihr Wissen in sinnvolle Einheiten und ordnen es entlang der Zeitschiene.

Die Verhaltenschritte für das Anleiten im Text

1. **Aufgabe nennen**. Sie informieren den Leser, welche Aufgabe bevorsteht.
2. **Vorbereiten**. Sie weisen den Leser auf alles hin, was er vor der eigentlichen Aufgabenlösung wissen, beschaffen oder tun muss.
3. **Aufgabe lösen**. Schritt für Schritt führen Sie Ihren Leser zur Lösung der Aufgabe.
4. **Zusatzinformationen bieten**. Sie teilen dem Leser mit, was für das erfolgreiche Lösen der Aufgabe noch wissenswert ist.

1. Aufgabe nennen

Für konkrete, alltagsnahe Aufgaben genügt meistens eine einfache Überschrift, um dem Leser mitzuteilen, worum es geht.

Knopfbatterie auswechseln
Hirschgulasch mit Thymiannudeln
Briefumschläge bedrucken

Für weniger offensichtliche Aufgaben schreiben Sie am besten eine kurze Einleitung. Der Leser will wissen, wann er sich mit der Aufgabe befassen muss und zu welchen Ergebnissen sie führt.

Gemeinsame Bearbeitung von Dokumenten unterschiedlicher Versionen

Die folgenden Schritte helfen Ihnen, wenn Sie Dokumente austauschen und bearbeiten, die mit früheren Programmversionen erstellt worden sind: ...

2. Vorbereiten

In diesem Schritt teilen Sie dem Leser alles mit, was er vor der eigentlichen Aufgabe tun oder beachten muss. Damit Sie nichts vergessen, arbeiten Sie am besten die folgenden Fragen ab:

- *Wo und wie kann Schaden entstehen?*
  Wem die Aufgabe in Fleisch und Blut übergegangen ist, übersieht leicht, welche Voraussetzungen für ein gefahrloses Arbeiten gegeben sein müssen. Diese Voraussetzungen können sein: die Beschaffenheit von Räumen, Arbeitsflächen und Materialien; das Entfernen von bestimmten Dingen in der Nähe; die Voreinstellungen von elektronischen Elementen oder Computerprogrammen; Hygienemaßnahmen oder das Tragen von Schutzkleidung. Schreiben Sie alles auf, was der Leser tun muss, um sicher arbeiten zu können. Mit wie viel Fantasie Sie möglichen Schaden voraussehen und vor ihm warnen müssen, das bestimmen einerseits der gesunde Menschenverstand, andererseits die Rechtsprechung im jeweiligen Land.
- *Welche Materialien muss mein Leser vorab bearbeiten?*
  Nennen Sie jede Bearbeitung vorab, die die eigentliche Aufgabenlösung zu lange unterbrechen würde. Das können sein: etwas auftauen, vorwärmen, einweichen, trocknen, installieren, säubern.
- *Was muss in der Nähe sein?*

Zum Beispiel: Werkzeuge, eine zweite Person, zusätzliche Arbeitsmaterialien.

- *Was muss ich vorab für meinen Leser benennen?*
  Bei einfachen Aufgaben und übersichtlichen Apparaturen können Sie die Dinge in den einzelnen Arbeitsschritten benennen. Bei komplexeren Aufgaben hilft eine Skizze oder ein Foto mit Beschriftungen. Ihr Leser erfährt dann vorher, wie etwas heißt und wo es ist.

3. Aufgabe lösen

Nun führen Sie den Leser durch die Aufgabe. Dabei zerlegen Sie die Aufgabe in einzelne Arbeitsschritte und weisen den Leser Schritt für Schritt an. Das gelingt am besten, wenn Sie die folgenden Tipps beherzigen:

- Formulieren Sie Ihre Anweisungen entweder im anweisenden Infinitiv:

  1. Taste TEMP drücken.
  2. Temperatur mit den CURSOR-Tasten auf 30 Grad stellen.

  Oder in der Befehlsform mit „Sie“:

  1. Drücken Sie die Taste TEMP.
  2. Stellen Sie mit den CURSOR-Tasten die Temperatur auf 30 Grad.

  Der anweisende Infinitiv lässt sich schnell erfassen, deshalb eignet er sich für alle Aufgaben, bei denen die Zeit drängt, zum Beispiel für Notfallmaßnahmen oder Kochanleitungen. Die Befehlsform mit „Sie“ wirkt freundlicher, drosselt aber das Tempo. Diese Form können Sie verwenden, wenn der Dienstleistungsgedanke und nicht rasches Erledigen im Vordergrund steht. Alle anderen Anweisungsformen führen in die Irre, wie zum Beispiel diese:

  Jetzt wird der Hebel für die Gaszufuhr geöffnet.

  Die Aktivierung der Druckkopfreinigung erfolgt über das Wartungsmenü.

  Diese Formen lassen den Leser im Unklaren, ob er etwas tun muss oder ob sich die Dinge von selbst erledigen. Vermeiden Sie deshalb in Ihren Anweisungen das Passiv und Verbformen wie *erfolgt, bewirkt* oder *lässt sich.*
- Lassen Sie nach jeder einzelnen Anweisung genug Platz. Mehrere Anweisungen in ununterbrochenen Sätzen hintereinander verursachen Stress und Verwirrung. Ihr Leser will jeden einzelnen Schritt leicht erfassen und schnell wiederfinden. Bewährt haben sich nummerierte Arbeitsschritte von ein bis zwei Sätzen und ausreichend Weißraum zwischen den einzelnen Arbeitsschritten:

Bloß nicht	Besser
Öffnen Sie im Menü VORLAGEN den Befehl VORLAGE ÄNDERN und dann im Pop-up-Fenster, das erscheint, drücken Sie den Button RAHMEN. Dort wählen Sie im Auswahlmenü, das erscheint, das Rahmenmuster aus.	1. Öffnen Sie im Menü VORLAGEN den Befehl VORLAGE ÄNDERN. Ein Fenster erscheint. 2. Drücken Sie den Button RAHMEN. Ein Auswahlmenü erscheint. 3. Wählen Sie das Rahmenmuster aus.

- Schreiben Sie die einzelnen Arbeitsschritte strikt in der zeitlichen Reihenfolge. Ihr Leser will lesen, dann tun; lesen, dann tun; immer einen Schritt nach dem anderen. Nichts, was vor einer Anweisung geschehen soll, darf nach ihr im Text stehen. Vor allem Warnhinweise müssen im Text auftauchen, bevor der Leser von einem potentiell gefährlichen Arbeitsschritt erfährt. Tabu sind deshalb Anweisungen mit *vorher, bevor* oder *davor*, weil der Leser bereits den nächsten Schritt ausgeführt haben könnte:

Bloß nicht	**Besser**
Entfernen Sie das Schutzblech. Vorher unterbrechen Sie unbedingt die Stromversorgung.	1. Unterbrechen Sie die Stromversorgung. 2. Entfernen Sie das Schutzblech.
Bevor Sie das Schutzblech entfernen, unterbrechen Sie unbedingt die Stromversorgung.	

- Verwenden Sie einmal definierte Begriffe präzise und durchgängig. Eine Klemme bleibt eine Klemme und wird nicht plötzlich zum Anschluss.
- Vermeiden Sie Jargon. Kaum jemand versteht auf Anhieb, was ein FLOF-Text-Betrieb, ein OSD-Menü, ein PTY-Seek-Modus ist. Wenn sich Sinn und Funktion eines Begriffs nicht unmittelbar beim Lesen erschließen, müssen Sie ihn vorher erklären. Entweder beim Vorbereiten oder durch eine eingeschobene Infobox vor dem entsprechenden Arbeitsschritt.
- Prüfen Sie Ihren Text auf Mehrdeutigkeiten, die den Leser ratlos zurücklassen. Mehrdeutig ist zum Beispiel diese Anweisung:

  Säubern Sie die Verkabelung und die Steckkontakte an der rechten Außenseite.

  Hier fragt der Leser sich: Ist die Verkabelung auch an der rechten Außenseite oder sind es nur die Steckkontakte? Mehrdeutig ist auch diese Anweisung:

  Prüfen Sie, ob der Deckenventilator auch unabhängig vom Thermostat gesteuert werden kann.

  Hier fragt der Leser sich: Soll der Deckenventilator nun mit dem Thermostat unabhängig gesteuert werden oder ohne den Thermostat? Anweisungstexte dürfen nur eine einzige Interpretation zulassen. Mehrdeutigkeiten verraten sich durch unterschiedliche Intonation und fallen deshalb dem Schreiber oft nicht auf, der seine Sätze „fest im Ohr“ hat. Andere Personen, denen Sie Ihre Anweisungen zum Testlesen geben, spüren Mehrdeutigkeiten besser auf.

4. Zusatzinformationen bieten

Wenn eine einfache Abfolge von Arbeitsschritten nicht ausreicht, verwenden Sie Elemente, die dem Leser zwischen den Arbeitsschritten weitere Erläuterungen und Hinweise geben. Entscheiden Sie, welche Elemente Sie brauchen. Legen Sie für jedes Element eine sprachliche und optische Gestaltung fest, die der Leser leicht wiedererkennen und klar unterscheiden kann. Solche Elemente können sein:

Element	Erläutert dem Leser, ...	Gestaltungsvorschläge
Erklärung	... was der nächste Arbeitsschritt bezweckt.	**Sprachlich** Aussageform mit Standard-Einleitungssatz wie: *Was Sie damit erreichen:* **Optisch** Kleinere Schrittgröße als beim Arbeitsschritt.
Hintergrund-wissen	... alle unbekannten Begriffe und Funktionen.	**Sprachlich** Aussageform. Bei Anglizismen eine deutsche Umschreibung, danach Erklärung von Sinn und Funktion. **Optisch** Box
Bedingter Arbeitsschritt	... was er unter bestimmten Umständen tun muss.	**Sprachlich** Wenn-Satz + Anweisung: *Wenn Sie im Batteriemodus arbeiten: Schalten Sie ...* **Optisch** Als Zusatz innerhalb eines Arbeitsschritts kennzeichnen oder nach dem Wenn-Satz die Nummer des Arbeitsschritts in Klammern setzen.
Optionaler Arbeitsschritt	... was er an dieser Stelle sonst noch tun und erreichen kann.	**Sprachlich** Wenn-Satz + Anweisung: *Wenn Sie die Kochzeit verkürzen wollen: Erhöhen Sie ...* **Optisch** Als untergeordneter Zusatz zum Arbeitsschritt. Wenn-Satz kursiv.
Ergebnis	... was passiert, nachdem er den Arbeitsschritt ausgeführt hat.	**Sprachlich** Aussageform. *Ein neues Eingabefenster erscheint.* **Optisch** Kursivschrift
Kontrolle	... was stimmen muss, bevor er den nächsten Arbeitsschritt durchführt.	**Sprachlich** Standard-Einleitung: *Bitte prüfen Sie jetzt: ...* **Optisch** Als untergeordneter Zusatz zum Arbeitsschritt.

Element	Erläutert dem Leser, ...	Gestaltungsvorschläge
Warnhinweis	... was er vor dem Arbeitsschritt beachten muss.	**Sprachlich** Anweisung, je nach Dringlichkeit mit Ausrufezeichen. **Optisch** Gefahrensymbol, Fettschrift
Korrektur-möglichkeit	... wie er Fehler erkennt und korrigiert	**Sprachlich** Wenn-Satz + Anweisung: *Wenn die Überdruck-Warnung ertönt: Schieben Sie ...* **Optisch** Fehlersymbol
Tipp	... wie er in bestimmten Fällen die Leistung optimieren kann.	**Sprachlich** Aussageform oder Anweisung, je nachdem, ob Wissen oder Handeln im Vordergrund steht. **Optisch** *Tipp: ...*

4.7 Referieren

Sie tragen für Ihren Leser zusammen, was sich aus Gesprächen, Projekten, Seminaren oder Recherchen an Mitteilenswertem ergeben hat. Das tun Sie zum Beispiel in Protokollen, Akten- und Gesprächsnotizen, Berichten und Pressemitteilungen.

Grundhaltung beim Referieren

Sie stellen Ihre Sinne und Ihren Verstand der Allgemeinheit zur Verfügung und klammern persönliche Wertungen und Interessen aus. Ihre Rolle ist die eines neutralen Berichterstatters, der Fakten, Ereignisse und Aussagen im Interesse aller Beteiligten selektiert, strukturiert und verdichtet.

Die Verhaltenschritte für das Referieren

1. **Auftrag klären**. Sie stimmen mit Ihren Lesern ab, was diesen wichtig ist.
2. **Fokussieren**. Sie legen vorab fest, auf was Sie besonders achten werden, so dass Sie später schnell das Wesentliche herausfiltern können.
3. **Notieren**. Sie filtern aus Ihrer Wahrnehmung oder Erinnerung das Wesentliche heraus und halten es schriftlich fest.
4. **Strukturieren**. Sie selektieren Ihre Notizen und ordnen sie nach dem Prinzip der Pyramide.
5. **Niederschreiben**. Sie bringen den referierenden Text in seine endgültige Form.

1. Auftrag klären

Referieren ist eine Dienstleistung. Sie beliefern Ihre Leser mit Informationen. Fragen Sie Ihre Leser, wozu Ihr Text dienen und was er „einfangen" soll. Für Protokolle zum Beispiel macht es einen großen Unterschied, ob Sie nur die Beschlüsse, Aufgaben und Termine festhalten oder den gesamten Gesprächsverlauf dokumentieren sollen. Wenn Sie zum ersten Mal eine Pressemitteilung schreiben, lohnt sich ein Gespräch mit Journalisten: Sie erfahren direkt, welche Geschichten sie brauchen, welche Pressemitteilungen sie gerne lesen und worüber sie sich ärgern. Je genauer Sie die Erwartungen Ihrer Leser kennen, desto leichter fällt Ihnen das Schreiben von referierenden Texten.

Wenn Sie Ihre Leser nicht direkt fragen können, dann studieren Sie die Protokolle und Berichte Ihrer Vorgänger. In den meisten Unternehmen haben sich für Standardsituationen bestimmte Formate herausgebildet, manchmal hat man sie sogar bewusst entworfen und festgelegt. Diese überlieferten Formate bieten Ihnen eine gute Grundlage, immerhin wissen Sie dann, mit welchen Informationen sich Ihre Leser bislang zufrieden gaben. Dennoch lohnt es sich, von Zeit zu Zeit alle Berichts- und Protokollformate zu prüfen, ob sie dem aktuellen Informationsbedarf noch gerecht werden.

2. Fokussieren

Referieren bedeutet immer, dass Sie Ereignisse oder Recherchematerial filtern. Sie lassen das Unwesentliche vorbeiziehen und machen Jagd auf das, was für Ihre Leser wichtig und relevant ist. Bevor Sie losziehen in eine Besprechung, Tagung oder Bibliothek, machen Sie sich am besten noch einmal klar, was genau Sie „einfangen" wollen. Sie stellen damit Ihre Wahrnehmung und Ihren Verstand auf die bevorstehende Suche ein.

Wenn Sie über eine Veranstaltung referieren sollen, dann helfen zwei Fragen beim Fokussieren:

- Was ist das Ziel dieser Veranstaltung? Sie finden es mehr oder weniger explizit im Titel oder Motto, im Programm, in der Themenwahl oder in den Fragestellungen.
- Was wollen meine Leser / will mein Unternehmen herausfinden?

Wenn Sie wissen, in welchen Punkten sich das Veranstaltungsziel mit dem Interesse Ihrer Leser deckt, dann wissen Sie auch, wohin die Jagd geht.

Viel Arbeit sparen Sie sich auch, wenn Sie sondieren, welche Informationen bereits in akzeptabler Form für Ihre Leser zugänglich sind. Das können sein: Sitzungsunterlagen, Sitzordnung, Teilnehmerliste, Teilnehmerinfos, allgemeine Unterlagen, frühere Protokolle oder Berichte. Diese Informationen müssen Sie nicht mehr jagen, sondern können sie einfach für Ihren Text übernehmen.

3. Notieren

Diese Tipps beschleunigen das Notieren:

- Legen Sie vorher Kürzel für die Teilnehmer fest. Das spart Zeit, wenn Sie Redebeiträge notieren.

- Nummerieren Sie Ihre Notizblätter vorab.
- Verwenden Sie Zeichen und Symbole, um Aussagen, Fakten und Erläuterungen miteinander in Beziehung zu setzen, zum Beispiel ein Blitzzeichen für einen Widerspruch, ein „=“ für eine Entsprechung, ein Grinsgesicht für Zustimmung, einen dicken Pfeil für ein Ergebnis. Erfinden Sie Ihre eigenen Zeichen und Symbole für Ihr Denken und Beobachten.

Diese Tipps helfen beim Organisieren der Notizen:
- Notieren Sie in zwei Spalten. Teilen Sie Ihr Notizblatt mit einem senkrechten Strich in der Mitte. Notieren Sie nur in der linken Spalte. Die rechte Spalte verwenden Sie für Ergänzungen.
- Schreiben Sie auf ein Extrablatt, was Sie unmittelbar danach mit den Teilnehmern klären wollen.
- Markieren Sie deutlich Termine, Beschlüsse oder Zusammenfassungen, am besten mit einem farbigen Textmarker.
- Streichen Sie Notizen, wenn sie unwichtig geworden sind.
- Gehen Sie großzügig mit dem Papier um. Je mehr Platz Sie zwischen den einzelnen Notizen lassen, desto leichter lassen sie sich finden, ergänzen, zuordnen oder gruppieren.

4. Strukturieren

In diesem Schritt ordnen und selektieren Sie Ihre Notizen. Referierende Texte folgen dem Prinzip der Pyramide, das heißt also: Nennen Sie das Wichtigste zuerst und die Details später. Beim Protokoll steht das Wichtigste im Protokollkopf, beim Bericht in der einführenden Zusammenfassung, bei der Pressemitteilung im ersten Absatz. Das Wichtigste beantwortet meistens die Fragen nach dem Thema (Was?), den Personen (Wer?), Zeit und Ort (Wann? Wo?) und nach dem Sinn (Warum?). Danach kommen die Details, die meistens mehrere Wie-Fragen beantworten. Auch die Details sind nach Wichtigkeit geordnet. Ihre Struktur ist dann ideal, wenn der Interessierte Ihren Text bis zum Ende liest und der weniger Interessierte an jedem Punkt aussteigen kann, ohne Wichtigeres zu versäumen.

Bei regelmäßig wiederkehrenden Protokollen oder Berichten lohnt es sich, einmal eine Struktur zu schaffen und sie verbindlich als Vorlage zu nutzen. Dies geschieht natürlich – siehe Verhaltensschritt 1 – nach genauer Absprache mit den Lesern. Einmal entworfen, sparen solche Vorlagen Zeit: Der Schreiber versteht schnell, was von ihm verlangt wird, und der Leser findet die gewünschte Information an der gewohnten Stelle.

5. Niederschreiben

Ihre Notizen, nach Wichtigkeit selektiert und geordnet, ergeben das Gerüst zur Niederschrift. Oft genügt es, Ihre Notizen auszuformulieren. Referierende Texte zeichnen sich durch das Bemühen um Objektivität aus. Ihre persönliche Interpretation der Ereignisse oder Redebeiträge lassen Sie deshalb besser außen vor. Es wäre unfair Ihren Lesern gegenüber, das Geschehen mit Ihrer Meinung oder

Ihren nachträglichen Ideen einzufärben. Das, was Sie referieren, sollte beweisbar und unanfechtbar sein. Wenn Sie selbst am Geschehen beteiligt waren, dann schreiben Sie über sich selbst in der dritten Person. Wenn Sie nachträglich ein persönliches Fazit hinzufügen wollen, dann heben Sie es am besten deutlich vom restlichen Text ab.

Ebenso verzichten sollten Sie auf die Wiedergabe von Emotionen. Auch wenn es in einer Diskussion hoch her gegangen ist oder es sogar Streit gab: Filtern Sie aus jeder emotionalen Äußerung ausschließlich das heraus, was der Sache dient und die Lösung ganz gezielt vorantreibt. Bleiben Sie neutral und zurückhaltend – niemand lässt sich gerne von anderen an seine ehemaligen Gefühlszustände erinnern:

Bloß nicht	Besser
Herr Hoffmann, rot im Gesicht, brüllte, Außendienstmitarbeiter seien keine Schichtsklaven.	Herr Hoffmann sprach sich gegen die neue Zeitregelung für den Außendienst aus.

Wenn Sie andere Personen zitieren, verwenden Sie am besten den Konjunktiv. Auf diese Weise markieren Sie die Redebeiträge deutlich und vermeiden holprige dass-Sätze:

Lieber nicht	Besser
Herr Hoffmann kritisierte, dass die Vorlaufzeiten zu lang sind und dass die Kunden deshalb zur Konkurrenz gehen.	Herr Hoffmann kritisierte, die Vorlaufzeiten seien zu lang. Deshalb gingen die Kunden zur Konkurrenz.

Sind die weniger gebräuchlichen Konjunktivformen zu antiquiert oder mit der Vergangenheitsform zu verwechseln, dann weichen Sie auf die Form mit „würde" aus:

Lieber nicht	Besser
Frau Vogel versicherte, sie hülfe jedem, der ...	Frau Vogel versicherte, sie würde jedem helfen, der ...
Herr Schulz bemerkt, die Kunden beteiligten sich gerne am Gespräch.	Herr Schulz bemerkt, die Kunden würden sich gerne am Gespräch beteiligen.

Wenn Menschen sich äußern, dann sagen, meinen, fragen oder erwidern sie nicht nur. Hinter jeder Äußerung steckt eine Absicht. Drücken Sie diese Absicht mit einem passenden Verb aus. Mit dieser kleinen Extra-Mühe wird Ihr Text viel lebendiger und der Gesprächsverlauf verständlicher. Hier einige Beispiele, wie Verben die Absicht hinter den Redebeiträgen verdeutlichen:

In Streitgesprächen: Herr Müller ...	**Im Informationsaustausch:** Frau Vogel ...	**Beim Problemlösen:** Frau Bartels
behauptet, dass ...	*erklärt*, die Unterlagen müssten ...	*fand heraus*, dass die ...
widerspricht: Er habe ...	*verdeutlicht*: Nicht die ...	*befürchtet* dabei, das Projekt ...
dementiert die ...	*präzisiert*, vielmehr gehe es ...	*schlägt vor*, die Knüller-Aktion ...
beschuldigt die Firma x, ...	*weist darauf hin*, dass die ...	*befürwortet* das schnellere ...
begründet sein Vorgehen mit ...	*nennt* diesen Prozess ...	*regt an*, den Bericht auch ...
fordert, es müsse ...	*zeigt* die Alternativen: ...	*stellt fest*, dass die ...
verteidigt sich: Er musste ...	*interpretiert* die Umsätze als ...	*bekräftigt* den Vorschlag ...
bestreitet, den Kollegen ...	*warnt* davor, die Zahlen als ...	*bezweifelt*, ob ein besseres ...
wirft Firma x vor, sie habe ...	*fasst* zusammen: Einige ...	*verwirft* diese Idee, denn man müsse ...
beteuert, nur das Beste ...	*folgert* daraus, dass etliche ...	*beantragt* die Auflösung des ...

5. Schreiben zwischen den Kulturen

Auf dem Globus herrschen unterschiedliche Auffassungen darüber, wie man Geschäfte anbahnt, wie man am besten miteinander arbeitet, wie man Projekte plant, wie die Zeit vergeht, was ein Einzelner im Firmenverband gilt, wie wichtig harmonische Beziehungen sind, was gute Arbeit bedeutet, wie man Menschen führt, wie man Konsens findet, wie man Kritik äußert.

Wenn Sie mit Ihren ausländischen Partnern schriftlich kommunizieren, gilt es, diese Unterschiede behutsam zu überbrücken. Eine gemeinsame Arbeitssprache, von beiden hinreichend beherrscht, schafft oft nur falsche Sicherheit: So mag jemand aus einem anderen Kulturkreis dieselben Worte benutzen wie Sie. Doch ob er mit Ihnen dieselbe Empfindung, Wahrnehmung oder Denkweise hinter diesen Worten teilt, bleibt fraglich. Es ist also noch größerer Respekt geboten für Texte, die Ihren Kulturkreis verlassen. Sie müssen häufiger und aufmerksamer prüfen, ob der Leser Ihnen folgen kann.

In diesem Kapitel erfahren Sie, wie Sie Ihre Texte so schreiben, dass sie international tauglich und leicht zu übersetzen sind. Und Sie bekommen Hilfen, wie Sie unterschiedlichen Einstellungen begegnen können.

5.1 Checks für Texte in anderen Kulturen

Die 17 Checks aus Kapitel 3 sind auch für Ihre Texte nach draußen eine optimale Vorbereitung: Wenn Sie auf Deutsch korrespondieren und die 17 Checks anwenden, dann wird Sie Ihr ausländischer Leser leichter und genauer verstehen. Wenn Sie Ihre Texte zum Übersetzen geben und vorher die 17 Checks angewendet haben, erleichtern und beschleunigen Sie die Arbeit des Übersetzers enorm. Wenn Sie auf Englisch korrespondieren, helfen Ihnen die 17 Checks ebenfalls.

Doch Sie können noch mehr tun. Hier sind fünf zusätzliche Checks:

Check 1: Wo könnte mein Leser etwas wörtlich nehmen?

„Komisch: Diese Leute schenken sich also grün leuchtende Lampen, misshandeln Kinder, wühlen in Taschen herum, machen Pläne aus Tischen und stellen plötzlich die Produktion um."

Das mag Ihr ausländischer Leser denken, wenn Sie ihm schreiben, die Geschäftsleitung hätte Ihnen zwar „grünes Licht gegeben", aber eine völlige Neuplanung hieße doch, „das Kind mit dem Bad auszuschütten". Und „tief in die Tasche greifen" müsste man dann auch noch, deshalb sei die alte Planung noch nicht „vom Tisch". Ansonsten seien alle dafür, endlich „Nägel mit Köpfen zu machen".

Prüfen Sie jeden Satz, ob er noch auf eine andere Weise verstanden werden kann. Wenn ja, formulieren Sie ihn um. Jede Formulierung muss in ihrer Ursprungsbedeutung zu verstehen sein, sie darf nicht stellvertretend für etwas anderes stehen, sie darf auf nichts anderes hinweisen.

Halt! Hatten wir in Check 12 nicht gesagt, es sei gut, ab und zu mit einem bildhaften Vergleich zu arbeiten? Richtig. Das gilt auch weiterhin – so lange das Bild erfrischt, trifft und allen Menschen auf diesem Globus einleuchtet.

Doch verzichten Sie lieber auf alle Redewendungen und Bilder, die Ihnen aus purer Gewohnheit entschlüpfen. Sie setzen auf ein gemeinsames Verständnis, das jemand, der weit weg lebt, selten mit uns teilt. Oft wird Ihr Text sogar frischer, wenn Sie so eine Redewendung wieder im Wortsinn umschreiben:

Lieber nicht	Sondern
... wir werden den Stier bei den Hörnern packen ...	... wir werden dieses Problem sofort lösen ...
... wir waren wohl etwas blauäugig bei der Wahl ...	... wir waren etwas unerfahren bei der Wahl ...
... lassen Sie sich durch das Verhalten der Behörden nicht ins Bockshorn jagen ...	... lassen Sie sich durch das Verhalten der Behörden nicht einschüchtern ...
... Herr Meier war ganz in seinem Element ...	... da konnte Herr Meier seine Fähigkeiten beweisen ...

Check 2: Wo könnten meinem Leser Vorkenntnisse fehlen?

Dazu können gehören:

- unsere nationalen Institutionen, ihre Bezeichnungen, Funktionen und Abkürzungen
- unser Tarif- und Sozialsystem und daraus resultierende Arbeitsregelungen
- unsere christlichen Feiertage und Traditionen
- Abkürzungen von unternehmens- oder bracheninternen Begriffen

Suchen Sie in Ihrem Text nach allen Stellen, die stillschweigend ein gemeinsames Wissen voraussetzen, das über die Landesgrenze hinweg nicht existiert. Machen Sie diese Stellen durch zusätzliche Erklärungen transparent.

Check 3: Wo werte ich, ohne es zu merken?

Viele Worte transportieren neben ihrer Bedeutung auch eine Wertung, ohne dass wir uns dessen bewusst sind. Ein Beispiel: Wir bezeichnen Menschen, die schon seit Generationen in Deutschland leben, immer noch als „Ausländer" oder, netter gemeint, als „ausländische Mitbürger". Wir haben uns kollektiv darauf geeinigt, das „Draußensein" dieser Menschen stärker zu betonen – eine Wertung also. Kaum jemand redet hingegen von „Einwanderern", weil dieses Wort einen ganz anderen Wert setzt.

Andere Worte wiederum geben sich neutral, lauten in vielen Ländern gleich, sind aber in jedem Land mit unterschiedlichen Wertsetzungen aufgeladen: Was versteht ein Chinese unter „Innovation"? Ein Ägypter unter „Effektivität"? Was versteht ein Brasilianer unter „Qualitätsstandards"? Was bedeutet „Nachhaltigkeit" in Amerika? „Effizienz" in der Schweiz? „Flexibilität" in Indien? Stets das Gleiche wie bei uns? Wohl kaum. Und das sind noch die leichteren Begriffe. Wie steht es mit „Demokratie", „Freiheit", „Glück"? Noch schwammiger wird es, wenn wertende Adjektive im Spiel sind: Was ist eine *gute* Arbeit, ein *dynamisches* Wachstumsmodell, eine *clevere* Strategie, eine *effektive* Zusammenarbeit? All diese Begriffe setzen stillschweigend eine Einigkeit voraus, die nicht existiert. Für folgenlose Festtagsreden sind sie in Ordnung, in der konkreten Zusammenarbeit führen sie schnell zu Missverständnissen und Enttäuschungen.

Suchen Sie in Ihrem Text nach Begriffen, die anders bewertet werden könnten als von Ihnen beabsichtigt. Überlegen Sie sich bei jedem Begriff genau:

- Könnte er kränken?
- Will ich absichtlich unterschiedliche Wertungen unter einem schwammigen Begriff vereinen, weil ich gute Stimmung brauche?
- Oder muss ich mein Vorhaben konkreter und genauer beschreiben, weil es entscheidend ist, dass mein Leser genau den gleichen Maßstab anlegt wie ich?

Check 4: Wo diskriminiere ich?

Damit sind alle Formulierungen gemeint, die einen Menschen kränken könnten aufgrund seines Geschlechts, seiner Behinderung oder Krankheit, seiner Rasse oder Nation, seiner Religion oder seiner sexuellen Orientierung. Sicher: Ihr Text wird keine groben Schnitzer enthalten, außer Sie diskriminieren mit Absicht. Doch es gibt unterschiedliche Empfindsamkeiten von Land zu Land. Die USA sind bislang die wachsamsten: Dort hat man in den letzten Jahrzehnten allerhand Diskriminierungen aufgespürt, die sich in alltäglichen Begriffen und Floskeln versteckt halten. Dieses Aufspüren folgt zwei Grundgedanken:

- Diskriminierend ist, wenn ich in meinem Text einen Unterschied hervorhebe, obwohl dieser Unterschied gar nicht Thema ist:

  Herr Abukutsa, unser freundlicher Afrikaner, informiert Sie gerne über weitere Reisemöglichkeiten.

- Diskriminierend ist, wenn ich den Unterschied eines Menschen totalisiere. Der in Deutschland noch akzeptierte Begriff „Behinderte" ist nach dieser Logik bereits diskriminierend, vor allem dann, wenn er auf einen einzelnen Menschen angewendet wird. In den USA heißt es deshalb „Menschen mit einer Behinderung". Dadurch bleibt der Mensch ein Mensch und seine Behinderung wird eine Eigenschaft unter vielen.

Überprüfen Sie Ihre Texte mit der gleichen Wachsamkeit: Wo ist eine Unterscheidung wirklich angebracht? Und wenn sie angebracht ist: Steht sie in einem angemessenen Verhältnis zur Würde und Integrität eines einzelnen Menschen?

Sie können sich nicht mehr wie bei Ihren Landsleuten darauf verlassen, dass Ihre Leser „schon wissen, wie's gemeint ist."

Check 5: Wo will ich lustig sein?

Humor ist eine wunderbare Sache. Gut, wenn Sie ihn besitzen. Schlecht, wenn Sie in Ihren Texten voreilig davon Gebrauch machen. Humor ist die interkulturelle Königsdisziplin: Wenn Sie es geschafft haben, jemanden aus einer anderen Kultur mit Wortwitz zu erheitern, dann dürfen Sie sich in dieser Kultur wirklich zuhause fühlen. Doch dafür braucht es viele Jahre. Im Gegensatz dazu ist es leicht, jemanden aus einer anderen Kultur zu befremden oder gar zu schockieren: mit ironischen Bemerkungen, lustig gemeinten Übertreibungen und unverständlichen Anspielungen.

Solange Sie nicht wirklich wissen, worüber Ihr Leser lacht: Lassen Sie lieber alles lustig Gemeinte weg.

5.2 Verhaltenstipps für die interkulturelle Korrespondenz

Wenn sich Menschen begegnen, die einander fremd sind, bauen sie zuerst einmal ein Fundament von „richtig Verstandenem" auf. Sie bestätigen sich meist deutlich, wenn die Botschaft richtig angekommen ist. Jeder Treffer baut Vertrauen auf. Je mehr ich vom anderen richtig verstehe und je öfter mir der andere bestätigt, dass ich ihn richtig verstanden habe, desto stärker wächst mein Vertrauen in den anderen und in das gemeinsame Projekt.

Wie können Sie zügig Vertrauen herstellen, wenn Sie einander schreiben? Diese drei Tipps helfen Ihnen dabei:

Ziehen Sie noch eine „Bestätigungsschleife"

Ihr Partner hat Ihnen seinen Plan, Standpunkt oder Vorschlag erläutert. Statt nun sofort mit der eigenen Meinung darauf zu reagieren, schieben Sie lieber noch einen Absatz dazwischen. Darin spiegeln Sie das Geschriebene Ihres Partners noch einmal und fragen dann, ob Sie ihn richtig verstanden haben, etwa so:

> Sie haben mir geschrieben, das Budget für den Messestand sei noch nicht genehmigt, die Genehmigung aber eine reine Formalität. Sie verzögert sich nur deshalb, weil alle Direktoren dafür zusammenkommen und unterschreiben müssen. Es ist also absolut nichts zu befürchten und wir können weiter im Zeitplan voranschreiten. Habe ich Sie richtig verstanden? Wenn das der Fall ist, könnten wir ...

Es mag Ihnen mühsam erscheinen, alle wichtigen Punkte Ihres Partners noch einmal in anderen Worten zu wiederholen. Aber die psychologische Wirkung ist enorm: Entweder Ihr Partner bestätigt Ihnen, dass Sie richtig verstanden haben – das gibt ihm ein gutes Gefühl und Ihnen auch. Oder Ihr Partner spürt ein Missverständnis auf und korrigiert – dann sind Sie beide erleichtert, weil Sie gemeinsam eine Fehlentwicklung verhindert haben. In beiden Fällen spürt Ihr Partner Ihren Respekt und die Sorgfalt, mit der Sie vorgehen.

Formulieren Sie Ihre Meinung in Fragen

Korrespondenzpartner aus verschiedenen Kulturen können kaum einschätzen, was sie an gemeinsamem Wissen voraussetzen dürfen. Deshalb gibt es in der interkulturellen Korrespondenz keine dummen Fragen und eine Frage zu viel ist besser als eine zu wenig.

Bei dem geringsten Anzeichen, dass etwas nicht so läuft wie erwartet: Fragen Sie höflich nach. Entweder man kann Sie beruhigen oder es läuft tatsächlich anders als erwartet und Sie erfahren mehr über die Hintergründe. Dann können Sie mit einem eigenen Vorschlag reagieren, der sich ebenfalls leicht in eine Frage kleiden lässt:

> Wenn das so ist, dass ein Sondermaß zwei Wochen braucht: Sollten wir nicht doch auf ein Standardmaß zurückgreifen? Wir könnten es in unserer Werkstatt anpassen, das dauert einen Tag. Transportzeit eingerechnet, wären wir in drei Tagen fertig. Was halten Sie davon?

Fragen wirken behutsamer als Meinungen und man erreicht mindestens genauso viel mit ihnen. Meinungen provozieren häufig Trotz; Fragen provozieren nur das eine: Antworten.

Fordern Sie zu Fragen auf

Falls Ihr Partner die ersten beiden Tipps nicht anwendet, ermuntern Sie ihn dazu. Sie erreichen das mit kurzen Fragen am Ende eines wichtigen Absatzes: „Was halten Sie davon?“ – „Ist das in Ordnung für Sie?“.

Spätestens am Schluss Ihres Schreibens fordern Sie zum Fragen auf, eindringlicher als mit der üblichen Fragen-gerne-zur-Verfügung-Floskel:

> Ist noch irgendetwas unklar? Habe ich etwas Wichtiges vergessen? Wenn ja, melden Sie sich bitte. Ich freue mich auf Ihre Fragen und weitere Gespräche mit Ihnen ...

Verständlichkeit geht vor Kürze

Ihre Briefe oder E-Mails werden durch diese Tipps länger, der gleiche Sachverhalt mag sich wiederholen. Der Austausch von Vorschlägen und Meinungen mag Ihnen verlangsamt vorkommen, vielleicht sogar ein bisschen zäh. Doch durch dieses ständige Rückbestätigen und Nachfragen schaffen Sie erst einmal das Fundament, auf dem sich Menschen unterschiedlicher Herkunft einander annähern. Ihre Geduld und Sorgfalt werden sich bald auszahlen. Sie und Ihr ausländischer Partner werden spüren, wie stark das gemeinsame Fundament trägt. Schritt für Schritt erfahren Sie, was Sie an gemeinsamem Wissen voraussetzen können und auf welche Signale der andere besonderen Wert legt.

5.3 Kulturen wahrnehmen statt stereotypisieren

Mittlerweile gibt es für fast jedes Land interkulturelle Ratgeber mit Informationen über die dortigen Sitten und Denkweisen. Für viele Länder finden Sie auch Business-Knigge für den richtigen Umgang mit ausländischen Geschäftspartnern. Sicher nützt jede Hintergrundinformation über Ihr Partnerland, doch im tatsächlichen Kontakt relativiert sich dieses Vorwissen sehr schnell. Warum?

- Die meisten Länder befinden sich mitten in einem kulturellen Umwälzungsprozess, angetrieben durch die globale Vernetzung und Migration. Traditionen und einst feste Verhaltensnormen lösen sich auf; stattdessen herrscht größere Unsicherheit, aber auch mehr Aufgeschlossenheit für Neues und Anderes. Machen Sie den Test und lesen Sie einen interkulturellen Ratgeber über Deutschland. Wie viel von dem, was dort als typisch deutsch beschrieben wird, finden Sie in Ihrem Alltag tatsächlich wieder?
- Viele Firmen sind Mischkulturen. Wie tickt eine Firma, deren Belegschaft zu 30 Prozent aus US-Amerikanern, zu 30 Prozent aus Deutschen, zu 40 Prozent aus allen möglichen Nationalitäten besteht – und von einer chinesischen Gruppe aufgekauft worden ist? Mit einer Einschätzung nach dem Nationalitätenschema kommen Sie hier nicht mehr weiter.
- Oft schätzt man die Über-alles-im-Land-bereits-Bescheid-Wisser im Gastland gar nicht so sehr. Ein Deutscher, der in Japan extrem „japanisch" auftritt, gerät erstens zur Karikatur, zweitens würde man sein Verhalten als übergriffig empfinden. Die nationalen Gepflogenheiten, Traditionen und die Muttersprache dienen den Einheimischen oft als Raum des Rückzugs und Unter-sich-Seins, den man nicht so leicht aufgeben will.
- Und letztlich kommt es auf den Einzelnen an, mit dem Sie es im Gastland zu tun haben. Herr Yamagishi mag Japaner sein. Aber vielleicht hat er eine koreanische Mutter oder zwei Jahre in den USA studiert? Von ihm dürfen Sie eine höhere interkulturelle Sensibilität und Wendigkeit erwarten als von einem Herrn Yamagishi, der nie seine Insel verlassen hat.

Sie sehen: Mit dem Vorwissen über bestimmte Nationalitäten kommen Sie nur bedingt weiter, weil wir alle ständig neue interkulturelle Erfahrungen machen, uns gegenseitig prägen und neue Umgangsformen produzieren. Selten lässt sich vorhersehen, welche Einstellungen und Denkweisen bei ausländischen Partnern vorherrschen.

Ihr Partnerland und seine Sitten zu studieren ist gut. In sich selbst Platz schaffen für neue Wahrnehmungen und Verhaltensweisen ist besser. Ganz banal nennt man das offen sein. Doch offen zu sein, ohne zu wissen, wofür, das macht einen nur unsicher, nicht offen. Worauf können Sie achten, wenn Sie mit Menschen aus anderen Kulturen korrespondieren? Auf diese Frage gibt der folgende Abschnitt anschaulich Antwort.

5.4 Die sechs Spannungsfelder in der interkulturellen Korrespondenz

Jede Kultur prägt bei ihren Angehörigen bestimmte Einstellungen aus. Wir schreiben und lesen selbstverständlich mit unserer Einstellung, wobei wir uns selten der ganzen Skala von möglichen Einstellungen bewusst sind, die sich in einer bestimmten Situation ebenfalls anböten. Stellen Sie sich so eine Skala vor: An ihren Enden lägen so unterschiedliche Einstellungen, dass sie einander ausschließen. Irgendwo auf dieser Skala liegen Sie und Ihr Partner. Liegen Ihre Einstellungen nahe beieinander, dann verstehen Sie sich „blind". Liegen Ihre Einstellungen weit voneinander entfernt, entstehen Spannungen, die Sie nur mit „Übersetzungsarbeit" abbauen können.

Auch in der interkulturellen Korrespondenz treffen Sie auf Spannungsfelder, auf denen die Einstellungen weit auseinander liegen können. Wenn Sie jedoch die gesamte Skala der möglichen Einstellungen kennen, gewinnen Sie Distanz zu Ihrer eigenen und können auf die Einstellung Ihres Partners weniger voreingenommen reagieren. Sie gewinnen Flexibilität im Umgang mit unvertrautem Verhalten und können sich darauf neu einstellen.

Hier finden Sie sechs Spannungsfelder mit ihren jeweiligen Extremen beschrieben, durch die in der interkulturellen Korrespondenz häufig Probleme entstehen. Sie erfahren auch für jedes Spannungsfeld, wo wir, geprägt von der deutschen Kultur, auf der Skala der Einstellungen liegen. Jeder Bereich schließt mit Tipps, wie Sie am besten mit der Einstellung Ihres Korrespondenzpartners umgehen.

1. Formeller Stil – informeller Stil

Einige Kulturen legen Wert auf einen direkten, schnörkellosen Stil, den Schreiber und Leser als authentisch erleben. Andere Kulturen wiederum diktieren ihren Schreibern ein hohes Maß an standardisierten, höflichen Formulierungen.

In Kulturen mit einem informellen Korrespondenzstil schreibt man zunehmend so, wie man spricht. Man schätzt ungekünstelte Grüße, klare Sätze und eine persönliche Ansprache statt Hauptwort- und Passivkonstrukte. Alle antiquierten oder höfischen Floskeln sind mit der Zeit verschwunden, oft im Zuge von politischen Reformen.

In vielen anderen Kulturen hingegen unterscheidet sich die Korrespondenzsprache drastisch von der mündlichen. Manche Länder kennen sogar mehrere Höflichkeitsformen, jede mit einem eigenen Wortschatz, die je nach Rang, Alter oder Geschlecht gewählt werden. In solchen Kulturen schreibt man sich Sätze, die im Wortsinn bedeutungslos, als soziale Geste jedoch wichtig sind. Oft setzt man Höflichkeitsfloskeln ein, um zwischen den Zeilen Botschaften zu übermitteln.

Unterschiedlich ist auch das Tempo, wie schnell man im Arbeits- und Geschäftsleben vom formellen zum informellen Stil übergeht. In einigen Kulturen duzt man sich ziemlich schnell und geht zu einer lockeren Schreibweise über, in anderen wiederum verweilt man lange in der Form des Erstkontakts.

In Deutschland liegen wir auf der Skala zwischen „informell" und „formell" eher im informellen Bereich. Der Einsatz von E-Mails hat den Trend zum lockeren Umgangston noch beschleunigt. Standardisierte Höflichkeitsformen und Anreden spielen nur in der Hochdiplomatie eine entscheidende Rolle. Mittlerweile experimentieren viele Schreiber mit Anreden und Grußformeln, weil ihnen selbst das „Sehr geehrte ..." und „Mit freundlichen Grüßen" zu traditionell erscheint.

Beim Korrespondieren bemühen wir uns weitgehend um eine möglichst authentische Darstellung unserer Gedanken und Empfindungen. Floskeln, die höflicher klingen als eigentlich empfunden, vermeiden wir weitgehend. In Frankreich übliche Grußformeln wie „Ich bitte Sie, teurer Herr Müller, dem Ausdruck meiner Hochachtung Glauben zu schenken", würden bei uns Befremden auslösen, weil sie mit den realen Empfindungen selten übereinstimmen.

Formell bleiben wir in Deutschland lediglich mit unserem „Sie". Diese Höflichkeitsansprache wird nach dem Erstkontakt relativ lange, oft sogar für immer beibehalten, was wiederum viele Kulturen befremdet, die im Arbeitsleben recht schnell zum „Du" und Vornamen übergehen.

Wie können Sie angemessen reagieren, wenn Ihr Partner formeller oder informeller schreibt, als Sie es gewohnt sind? Hier einige Tipps:

- Lesen Sie Briefe und Mails aus dem Ausland aufgeschlossen, aber distanziert. Was bei Ihnen emotionale Reaktionen auslöst, mag im Herkunftsland niemanden stören: Die sofortige Anrede mit Ihrem Vornamen zum Beispiel oder – anderes Extrem – sehr unterwürfige Grußformeln.
- Wenn Sie eine Stelle in einem ausländischen Schreiben befremdet: Finden Sie heraus, ob sie wirklich wortwörtlich gemeint ist oder ob es sich um eine normale Übereinkunft handelt.
- Reagieren Sie nicht mit einer selbst erfundenen Höflichkeitsform. Das würde Ihren Partner nur befremden und schlimmstenfalls Verwirrung stiften.
- In vielen Kulturen fühlen sich Menschen tatsächlich motiviert, wenn gute Projekte und Leistungen in höchsten Tönen gepriesen werden. Für Sie kann das manchmal zu viel des Guten sein, wenn Sie vom „historischen Moment" lesen oder vom „Zeichen der ewigen Freundschaft zwischen unseren Völkern" oder die „zukunftsträchtige Zusammenarbeit" beschworen wird. Geben Sie also Lob und feierliche Worte großzügig zurück, auch wenn Sie weniger dabei empfinden, als Sie schreiben.
- Wenn man Ihre Firma oder Ihr Land lobt, loben Sie zurück. Suchen Sie gezielt nach Dingen, die Sie im Land Ihres Partners schön finden und lassen Sie diese in Ihrem Schreiben mit einfließen.
- Bleiben Sie in der Ansprache Ihres Gegenübers flexibel. Wenn ein Amerikaner Sie mit Vornamen anschreibt, könnte er es als Affront empfinden, wenn Sie ihn in der Antwort mit Nachnamen ansprechen.

2. Strenge Hierarchie – flexible Teams

Wie sich Unternehmen organisieren, unterscheidet sich von Branche zu Branche, sogar von Firma zu Firma. Dennoch gibt es ganze Länder mit recht eindeutigen Präferenzen. Der dort vorherrschende Organisationstyp wirkt sich darauf aus, wie schnell Ihr Schreiben beantwortet wird, ob Sie an die richtige Person schreiben oder ob Sie die richtige Person für den Kontakt sind.

In Ländern, wo strenge Hierarchien die Regel sind, treffen Sie auf festgenagelte Zuständigkeiten und auf eine zentralisierte Entscheidungsbefugnis. Dort zählt die Macht der einzelnen Person – und bis diese Person Zeit findet, kann Ihr Schreiben oder das gemeinsame Projekt schon mal warten. Dann dauert es, bis Ihr Schreiben die einzelnen Hierarchiestufen hinauf und wieder hinunter wandert.

In einigen Ländern Osteuropas, Asiens und im Nahen Osten herrscht zudem das Senioritätsprinzip: Dort genießen die Älteren automatisch den höheren Respekt. Selten trifft man dort auf einen Ranghöheren, der jünger ist als derjenige im Rang darunter.

Kulturen mit strengen Hierarchien werden meistens von Männern dominiert. Frauen eröffnet sich dort der Zugang zur Arbeitswelt meist nur bis zu bestimmten Hierarchiestufen oder nur zu bestimmten Nischen. Abweichungen von den traditionellen Geschlechterrollen ernten Befremden oder gar Missfallen.

In Kulturen, die sich weitgehend in flexiblen Teams organisieren, delegieren die Chefs viel Verantwortung an ihre Mitarbeiter. Die Mitarbeiter sind stark in das große Ganze eingebunden, die Aufgabenbereiche weniger stark abgegrenzt. Wenn der eine nicht kann, springt die andere ein. In der Regel erhalten Sie in solchen Kulturen eine schnellere Reaktion, aber auch häufiger wechselnde Ansprechpartner.

Das Arbeiten in flexiblen Teams und flachen Hierarchien ist Teil eines Modernisierungsprozesses, der in der westlichen Kultur begann. Fast immer entwickelte sich parallel dazu die Gleichstellung von Mann und Frau: Je weiter dieser Prozess fortgeschritten ist, desto weniger spielt das Geschlecht für eine bestimmte berufliche Position eine Rolle. Gleichzeitig erodiert in solchen Kulturen fast immer das Senioritätsprinzip und das Leistungsprinzip regiert: Respektiert werden nicht mehr Alter und Erfahrung, sondern die momentane Funktion.

In Deutschland finden wir nach den Rationalisierungsprozessen in weiten Teilen der Wirtschaft eher flache Hierarchien vor. Frauen sind genauso gut ausgebildet wie Männer und sie sind zumindest bis zu den mittleren Positionen genauso stark vertreten. Weibliche Führungskräfte sind, wenn auch noch selten, respektiert und in zunehmendem Maße gesucht. Mit dem Senioritätsprinzip ist es in Deutschland nicht mehr weit her: Jungen Mitarbeitern und Führungskräften wird viel Verantwortung übertragen, während die Älteren Schwierigkeiten haben, sich auf dem Arbeitsmarkt zu behaupten. Unsere allgemein akzeptierte Organisationsform ist also eher das flexible Team – wenn auch mit Abstrichen und Unterschieden von Branche zu Branche.

In vielen Kulturen, vor allem in den nichtwestlichen, treffen Sie auf festere Hierarchien und Rollen. Hier einige Tipps für den Umgang damit:

- Wenn Sie sich über lange Reaktionszeiten ärgern, kann es an der „Treppauf-Treppab-Kommunikation" liegen, die in Ihrem Partnerland gepflegt wird. Ihr Ansprechpartner mag nicht weniger engagiert sein als Sie, doch sehr wahrscheinlich muss er sich stärker bei seinen Vorgesetzen absichern, als Sie es gewohnt sind.
- Wenn es eilt, lassen Sie lieber gleich diejenigen Hierarchie-Ebenen miteinander kommunizieren, die Ihr Partner als gleichrangig wahrnimmt. Entscheidet im Partnerland alles der Chef, geht es meist schneller, wenn die Angelegenheit von Chef zu Chef geregelt wird. Auch wenn bei Ihnen ein Sachbearbeiter für dieselbe Sache zuständig wäre.
- Bei Geschäftsbeziehungen zu Ländern mit Senioritätsprinzip sollte man sich vorher überlegen, ob es klug ist, junge Fachkräfte mit der langfristigen Zusammenarbeit zu betrauen. Bei Kooperationen mit reinen „Männerwirtschaften" werden es Frauen in der Regel schwieriger haben – auch in der Korrespondenz.

3. Schriftkultur – Präsenzkultur

Welche Rolle spielt das Geschriebene im Arbeitsleben? Dazu gibt es auf der Welt unterschiedliche Auffassungen. Die einen betrachten eine schriftliche Anweisung als bindend, die anderen als Empfehlung. Für die einen zählt die mündliche Abmachung vom letzten Treffen und weniger das Protokoll. Für andere wiederum ist das Geschriebene die Handlungsgrundlage und weniger, was dieser oder jener irgendwann einmal gesagt hat.

In Ländern mit einer starken Schriftkultur bereitet man Treffen schriftlich bis zur Tagesordnungsreife vor. Man begegnet sich dann mit hohem Informationsstand und kommt zu schnellen Entscheidungen. Diese Entscheidungen werden protokolliert und das Protokoll für alle verbindlich verteilt. Solche Kulturen haben meistens auch Formen entwickelt, mit denen man Probleme schriftlich löst: Man präsentiert dem Partner Entscheidungs- und Diskussionsvorlagen und erwartet dessen Rückmeldung ebenfalls in Schriftform. Manchmal dauert der Schriftwechsel so lange, bis eine Lösung gefunden ist – ohne Gespräche dazwischen.

In Ländern mit einer starken Präsenzkultur kommt man fast nur im Gespräch zu Entscheidungen und Problemlösungen, am besten vor Ort. Man lässt die Dinge, bis man sich trifft, eher offen, bespricht dann viel miteinander und hält sich an die mündlichen Absprachen. Schriftliche Dokumente haben hier nur eine begleitende Funktion. Entsprechend gering sind die Chancen, dass in einer Präsenzkultur Briefe oder E-Mails etwas bewegen. Wer in so einer Kultur ständig etwas schriftlich fixieren will, dem wird Misstrauen oder Pingeligkeit unterstellt.

In Deutschland haben wir so schöne Wörter wie *Vorschrift* und *vorschreiben.* Auch der Umfang unserer Gesetze und Verordnungen beweist im internationalen Vergleich: Wir regeln das Leben recht gern in Schriftform. Wir wollen dadurch möglichst viel vorab klären und allen Eventualitäten vorbeugen. Wir haben in Deutschland eine starke Schriftkultur – mit einem hohen Vertrauen in das geschriebene Wort.

Präsenzkulturen finden Sie unter anderem in den Ländern Süd- und Osteuropas, im Nahen Osten und in weiten Teilen Asiens. Hier einige Tipps für die Umstellung, wenn Sie in einer Präsenzkultur sind:

- Bringen Sie Geduld und gute Laune mit: Sie mögen den schriftlichen Vorlauf als unerquicklich und die Gespräche zuerst als ziel- und ergebnislos empfinden. Sie mögen denken: „Das hätte man doch alles vorher klären können!" Sie vielleicht schon, aber Ihr Partner vertraut weniger vorbeugenden Maßnahmen als dem Austausch vor Ort und dem, was von Angesicht zu Angesicht vereinbart wird.
- Wenn Sie es nicht lassen können, etwas schriftlich zu fixieren, müssen Sie Ihre Notizen, Anweisungen und Protokolle stärker verkaufen. Vielleicht gar mit einer Brise Selbstironie: „Wir haben hier ein Monster, das heißt ‚Normenüberwachungsausschuss' und beißt uns bei Fehlern die Köpfe ab. Bitte beachtet die Messdifferenzen in Sektion 2 und 4. Wenn es Probleme gibt, ruft sofort an!"
- Verlassen Sie sich in Präsenzkulturen nie darauf, dass Ihr Schreiben sofort und eins zu eins umgesetzt wird. Sichern Sie jede Veränderung noch einmal telefonisch ab. Ihr Partner ignoriert Schriftliches nicht aus Bosheit, sondern aufgrund einer anderen Wahrnehmung: Er empfindet das Gespräch als real und deshalb löst es Verhalten aus. Das Schriftliche hingegen ist für ihn eher beiläufiges Hintergrundrauschen.
- Auch in Präsenzkulturen schreibt man sich Briefe und E-Mails, sie dienen jedoch eher der Routinebewältigung, der Terminorganisation und vor allem der Beziehungspflege – sie halten den Kontakt zwischen den Gesprächen warm.
- Bei ernsthaften Problemen erreichen Sie in Präsenzkulturen nahezu nichts mit Briefen und E-Mails. Da hilft nur eines: anrufen oder gleich hinfahren.

4. Schnell zur Sache – erst zur Beziehung

Jeder Brief, jede E-Mail handelt auf zwei Ebenen zugleich: Auf der Sachebene will man die Zusammenarbeit möglichst neutral und rational vorantreiben. Auf der Beziehungsebene sendet man Signale an den Empfänger, die in der Regel Empathie, Wertschätzung und Zusammengehörigkeit vermitteln. Diese Signale wärmen die Beziehung zwischen Schreiber und Leser an.

Die richtige Anwärmtemperatur ist auf dem Globus recht unterschiedlich: Die einen empfinden ein sachliches Schreiben als kalt, die anderen empfinden das Fragen nach dem Befinden der eigenen Kinder als Einmischung.

„Schnell zur Sache" kommt man meist in hoch technisierten Kulturen, die sehr effizient organisiert sind, und in Kulturen, die Beruf und Privatleben strikt trennen. Hier stehen Projekte und Ziele an erster Stelle, man will einen sachlichen Austausch in der Zusammenarbeit. In Briefen oder E-Mails sieht das so aus: Was man will, steht bereits in der Betreffzeile und nach der Anrede geht es sofort mit der Sache weiter. Persönlich wird man, wenn überhaupt, erst in der Schlusszeile oder beim Gruß.

In vielen Kulturen empfindet man es als unhöflich, sofort zu sagen, worum es geht. Dort entscheiden bei einer Geschäftsanbahnung nicht nur die technischen oder finanziellen Vorteile, sondern auch eine möglichst angenehme Beziehung, die man in gemeinsamen sachfremden Unternehmungen langsam entstehen lässt. Diese Beziehung wird später auch im alltäglichen Schriftverkehr mit höflichen Nachfragen, Dankesbekundungen und Wertschätzungen weiter gepflegt. Beruf und Privatleben sind in solchen Kulturen manchmal stärker vermischt, aber nicht immer. Doch stets gibt es einen Kanon an bevorzugten Smalltalk-Themen, die für den Beziehungsaufbau taugen. Dieser Kanon kann sich von Kultur zu Kultur drastisch unterscheiden: die einen philosophisieren und politisieren gerne, für die anderen ist gerade dies tabu. Für die einen ist Familie ein Superthema, für die anderen ist genau das ein Übergriff. Doch gemeinsam ist all diesen Kulturen: Man tauscht sich zuerst einmal über andere Dinge aus als über das anstehende Projekt – auch in Briefen und E-Mails. Ein, zwei Sätze „Small-Writing" sind das absolute Minimum, selbst im schnellen Austausch mit E-Mails. In einigen Kulturen erfährt man erst im letzten Briefdrittel, worum es in der Sache geht.

In Deutschland trennt man in den meisten Branchen Arbeit und Privates sehr stark. Die Arbeitsprozesse sind meistens effizient organisiert und verlangen von den Mitarbeitern ein hohes Maß an Tempo und ständiger Aufmerksamkeit. In Arbeitsbeziehungen wird in der Regel nur so viel investiert, wie für eine reibungslose Zusammenarbeit notwendig ist. Wenn sich im Job Sympathien oder gar Freundschaften entwickeln, dann ist das ein Nebenprodukt, aber nicht Voraussetzung. Arbeit vollzieht sich für uns sehr stark auf der Sachebene. In den Kulturen, die mehr Wert auf gute Arbeitsbeziehungen legen, wird so eine Einstellung als ungeduldig oder gar kalt erlebt, weil sie – im Gespräch wie in der Korrespondenz – zu schnell zur Sache kommt.

Für einige Länder ist also mehr Beziehungspflege angeraten, als Sie es in Deutschland gewohnt sind. Wie können Sie das richtige Maß herausfinden und üben? Hier einige Tipps:

- Einen persönlichen und verbindlichen Einleitungssatz liest man auch in unserem sachorientierten Land gern, das können sein: eine angenehme Bemerkung zum letzten Treffen, eine Frage nach dem Reiseverlauf sowie alles, was an nette Gespräche, Gemeinsamkeiten und gemeinsam Erlebtes anknüpft. In vielen anderen Ländern dürfen es auch zwei oder drei Sätze sein oder der ganze erste Absatz.
- Wie lange braucht Ihr Partner, bis er zur Sache kommt? Welche Small-Writing-Themen berührt er, welche klammert er aus? Danach können Sie sich richten.
- Wenn Sie mit jemandem aus einer starken Beziehungskultur korrespondieren, ist oft ein Maß an Verbindlichkeit richtig, das Sie bereits als übertrieben empfinden können.

5. Direkte Kritik – indirekte Kritik

Es gibt verschiedene Wege, jemanden auf Mängel oder Fehlverhalten hinzuweisen. Die einen sagen direkt, was sie nicht gut finden, mit mehr oder weniger kontrolliertem Ärger. Die anderen begnügen sich mit Hinweisen und lassen dem Kritisierten genügend Raum, die Sache ohne Gesichtsverlust zu korrigieren. Wenn diese beiden Kritik-Kulturen aufeinander treffen, sind Missverständnisse programmiert – oft mit fatalen Folgen: Äußern Sie direkte Kritik gegenüber jemandem, der indirekte Kritik gewohnt ist, mag er über die Heftigkeit der Äußerungen ernsthaft verletzt sein, oft so sehr, dass die weitere Zusammenarbeit schwierig bis unmöglich wird. Äußern Sie indirekte Kritik gegenüber jemandem, der direkte Kritik gewohnt ist, mag er sie als netten Hinweis betrachten, dem nicht unbedingt Taten folgen müssen.

In Kulturen, in denen Kritik ohne Umschweife und Höflichkeitspolster geäußert wird, herrscht meistens ein stiller Konsens darüber, was „gut" ist. Alle sind sich einig, dass gute Qualität das oberste Ziel ist, dem sich jeder unterzuordnen hat. Deshalb stecken die Kritisierten solche Kritik auch einigermaßen gut weg. Folglich finden wir diese Kritik-Kultur vor allem in Gesellschaften, die hohen Wert auf Perfektion legen. Die Kritik wird dort – schriftlich wie mündlich – hauptsächlich geäußert in Du-Botschaften: „*Sie* bringen in dieser Anzeige kaum Nutzenargumente!" Oder in Sachbotschaften: „Hier fehlen noch überzeugende Nutzenargumente." Solche Kulturen verlangen vom Kritisierten oft Demutsgesten wie Entschuldigungen, Wiedergutmachungsvorhaben oder Fehlervermeidungsmaßnahmen für die Zukunft. Man gewährt in der Regel keinen Freiraum, in dem der Kritisierte die Sache ohne Gesichtsverlust in Ordnung bringen kann.

In anderen Kulturen versucht man jedoch, die Integrität der kritisierten Person zu wahren. Dort genügen kleine Hinweise. Der Kritisierte versteht die Botschaft und verbessert den Mangel ohne weiteres Aufsehen. Solche Hinweise können als höfliche Bitte formuliert sein: „Könnten Sie es vielleicht einrichten, dass …" Oder pädagogisch: „Meinen Sie wirklich, dass dies für unser Projekt notwendig ist?" Oder als Vorschlag: „Ich würde dort einmal anrufen und herausfinden …" Oft verwendet man in der indirekten Kritik die weniger aggressiven Ich-Botschaften: „Entschuldigung, *ich* vermisse hier noch stärkere Nutzenargumente."

Hinter diesen Formulierungen mag sich ebenfalls Ärger verbergen und ganz sicher ein starker Wille, eine Veränderung zu bewirken. Doch eine offene Konfrontation empfänden beide Seiten als noch ärgerlicher. Der Kritisierte reagiert im Gegenzug auf die leisesten Töne des Unmuts und tut damit seinen Teil, um direkte Kritik zu vermeiden.

Was aber passiert, wenn das Maß übervoll ist? In einigen Kulturen geht man dann von einer indirekten zu einer äußerst direkten Kritik über, meist übergangslos und deshalb überraschend. In anderen Kulturen lässt man die Arbeitsbeziehung ausklingen und vermeidet bis zum Ende ein offenes Wort.

Ablehnung wird in den Gesicht wahrenden Kulturen ebenfalls nicht direkt formuliert, sondern zeigt sich in Zweifelsäußerungen: „Ich weiß noch nicht so recht." Oder als Verzögern: „Mal sehen." Dies ist bereits als klares Nein zu deuten: Man bohrt nicht nach und erspart damit man seinem Partner die Peinlichkeit, ein klares Nein äußern zu müssen.

In Deutschland rangieren gute Qualität und fehlerfreies Funktionieren in der Werteskala ganz oben. Dafür engagieren wir uns und verlangen das auch von anderen. Schlechte Arbeit empfinden wir als persönlichen Affront und dementsprechend äußern wir unsere Kritik sehr direkt. Die Lust, denjenigen zu demütigen, der einen Fehler gemacht hat, ist weit verbreitet. Bestenfalls äußern wir unsere Kritik auf der Sachebene: „Die Lieferung vom 15. März hatte folgende Mängel: ..." Kurz: In kaum einem anderen Land wird Kritik so direkt geäußert wie in Deutschland, was uns fast überall im Ausland den Ruf einbringt, brutal und unsensibel zu sein.

Wenn Sie Ihre Partner nicht vergraulen wollen, werden Sie in den meisten Ländern der Welt viel behutsamer mit Kritik umgehen – in der Korrespondenz noch mehr als im Gespräch.

Hier einige Tipps, wenn es etwas zum Kritisieren gibt:

- Lassen Sie – nach einer kleinen Andeutung – Ihren Partner erst einmal selbst auf seinen Fehler reagieren.
- Kleiden Sie Ihre Kritik in höfliche Bitten oder Vorschläge. Lassen Sie auch hier Ihrem Partner Raum, angemessen und großzügig zu reagieren.
- Vertrauen Sie darauf, dass diese kleinen Signale wirken. Sie werden sich dabei eventuell als „zu lasch" empfinden – und dann überrascht sein, wie ernst Sie genommen werden.
- Ich-Botschaften („Ich friere hier.") sind weniger aggressiv als Du-Botschaften („Sie haben vergessen, im Sitzungszimmer vorzuheizen."). Das gilt übrigens auch in Deutschland.

Und wenn Sie kritisiert werden:

- Öffnen Sie die Ohren für die kleinen Signale Ihrer Partner: Sie sind oft heftiger gemeint, als Sie sie empfinden. Was als Vorschlag kommt, ist oft ein dringender Appell. Was wie Zweifel oder Ratlosigkeit aussieht, mag bedeuten, dass Ihr Gegenüber nichts von Ihrem Vorschlag hält.

6. Alles ist ein Problem – nichts ist ein Problem

Wir reagieren unterschiedlich auf neue Herausforderungen, auf Abweichungen vom Plan oder auf die kleinen Katastrophen des Arbeitsalltags: Einige Kulturen neigen dazu, Probleme groß zu machen oder zumindest ordentlich beim Namen zu nennen. In anderen Kulturen gehört Optimismus zum guten Ton, dort werden Probleme eher beschönigt, bagatellisiert oder gar nicht erst angesprochen. Weil das so ist, lässt sich zwischen zwei Kulturen oft schwer einschätzen, wie problematisch ein Problem wirklich ist.

Die Einstellung, Probleme in den Vordergrund zu stellen, findet man oft in Kulturen, die Veränderung eher fürchten und stark auf Sicherheit bedacht sind.

Dort macht man sich zuerst ein „realistisches" Bild, das auch das Nachdenken über mögliche negative Folgen nicht ausklammert. Manchmal übertreibt man es mit dem Pessimismus, um sich später daran freuen zu können, dass alles besser kam als gedacht. Die Einstellung „Alles ist ein Problem" endet also nicht zwangsläufig in Fatalismus und produziert nicht notwendigerweise schlechtere Ergebnisse. Man will nur vorher wissen, was alles auf einen zukommen könnte, dann vielleicht ein wenig jammern und stöhnen – danach erst handelt man. Zuversicht und Vertrauen bauen sich in solchen Kulturen eher langsam auf, doch einmal vorhanden, bleiben sie auch in Krisenzeiten stabil.

In Briefen und Mails aus „problemfixierten" Kulturen äußern sich, wenn ein neues Projekt ansteht, Vorbehalte und Zweifel meist schneller als die Begeisterung – was nicht heißt, dass man es rundweg ablehnt. Im Projektverlauf selbst schreibt man ebenfalls offen über negative Sachverhalte und Bedenken. Pläne und Zeitabläufe sind exakt ausgearbeitet. Man kann meistens damit rechnen, dass alle Beteiligten sich an die Zeiten und Fristen halten.

Ganz andere Verhaltensweisen finden Sie in Kulturen, die eine optimistische Grundstimmung brauchen, um zu funktionieren. Dort begegnet man neuen Vorhaben oft mit einem unbegrenzten Vorschuss an Zutrauen und Zuversicht – von dem erst später jedes Mal etwas abgezogen wird, wenn die Sache nicht so läuft wie erhofft. Ist dieser Vorschuss aufgebraucht, dann ist meistens auch das Projekt gestorben. Dann packt man mit frischer Begeisterung eine neue Sache an. Um mögliche Probleme macht man sich zu Anfang wenig Gedanken. Man will möglichst unbelastet losziehen. Probleme löst man dann, wenn sie wirklich da sind. Prävention wird auf das allernötigste vernünftige Maß reduziert.

In der Korrespondenz aus solchen Kulturen werden Sie selten etwas explizit Negatives lesen. Man spricht und schreibt sich die Dinge erträglich. Man schreibt von „Aufgaben", „Themen", allenfalls von „Herausforderungen". Nach der Schilderung von weniger günstigen Umständen muss mindestens der Entschluss folgen, die Sache beherzt anzupacken und bald in den Griff zu kriegen. Wenn sich etwas nicht lösen lässt, wird es auch nicht thematisiert. Von Ängsten, Befürchtungen, Zweifeln oder gar Geschichten vom Scheitern will – zumindest im Geschäftsleben – niemand etwas hören, schreiben oder lesen.

Pläne und Zeitabläufe haben meistens eher Entwurfscharakter und sind sehr ehrgeizig gehalten. Insgeheim rechnen alle mit Pannen und Verzögerungen, aber das thematisiert in optimistischen Kulturen natürlich niemand. In der Realität bedeutet das: Fristen werden überschritten, Ziele selten erreicht.

In Deutschland betonen wir vor jeder Veränderung meistens zuerst die Risiken, dann die Chancen. Bevor wir handeln, wollen wir möglichst viel vorher klären und verwenden deshalb viel Zeit auf Probleme, die noch gar nicht eingetreten sind. Das heißt auch, vieles ist für uns ein Problem, was für unseren Partner (noch) kein Problem sein mag.

Sie werden es deshalb häufiger mit Kulturen zu tun haben, die Veränderungen und neue Projekte weniger problemorientiert angehen als wir. Damit konfrontiert, werden Sie häufig das Bedürfnis nach „Klartext" verspüren oder sich vorkommen wie ein einsamer Prophet unter Nicht-Sehenden. Hier ein paar Tipps, wenn Sie ein Problem mitteilen:

- Werten Sie nicht. Beschreiben Sie den Zustand und seine Auswirkungen so konkret und einleuchtend wie möglich. Dabei muss nicht einmal das wertende Wort „Problem“ darin vorkommen.
- Schreiben Sie nach der Problemschilderung zwei, drei zuversichtliche Zeilen. In optimistischen Kulturen signalisiert dies, dass Sie überhaupt willens und fähig sind, das Problem zu lösen. Auch wenn Sie völlig scheitern sollten: Kaum jemand wird Sie wegen Ihrer anfänglichen Zuversicht zur Rechenschaft ziehen.
- Schreiben ist ein gutes Werkzeug, echte Probleme von eingebildeten zu trennen und sie in eine sachliche, lösungsorientierte Form zu bringen: Schreiben Sie alles auf, was Sie beunruhigt, was im jeweils schlimmsten Fall eintreten könnte und wie hoch die Wahrscheinlichkeit wirklich ist. Dann erst entscheiden Sie, was Sie von den Problemen wirklich mitteilen möchten und wann Sie das tun. Denn: In optimistischen Kulturen befremden lange Problemlisten mit möglichen Folgeproblemen und Folgefolgeproblemen.

Wenn Probleme an Sie herangetragen werden:

- Die Risikoeinschätzung zu Beginn eines Projekts wird in optimistischen Kulturen nicht automatisch erfolgen. Wenn Sie wirklich wissen wollen, wie Ihr Partner die Sache sieht und anpackt, hilft nur eins: viele freundliche, aber konkrete Fragen stellen. Ist Ihr Partner fähig, wird er Ihnen ebenso konkrete Antworten geben; ist er unfähig, wird er ausweichend antworten und zuversichtlich bleiben, dass sich alles schon irgendwie einrenkt.
- Wenn Ihnen ein Plan aus einer optimistischen Kultur zu ehrgeizig erscheint und die Fristen zu knapp, dann haben Sie mit großer Wahrscheinlichkeit recht. Statt mit Ihren Partnern zu verhandeln, was wirklich realistisch ist, kann es weiser sein, zu schweigen und für sich selbst eine Planung mit großzügigeren Puffern zu machen. Denn die Funktion von Plänen unterscheidet sich von Kultur zu Kultur drastisch: Für eine optimistische Kultur sind Pläne eher eine motivierende Absichtserklärung; für problemorientierte Kulturen sind sie das verbindliche Ergebnis von sorgfältigen Überlegungen.
- Taucht mitten im Projekt ein Problem auf, werden Sie in optimistischen Kulturen selten den vollen Umfang eines Problems geschildert bekommen. Auch hier kommen Sie nur mit konkreten Fragen weiter. Wenn Sie vermuten, dass andere Bereiche betroffen sind: fragen Sie. Durchaus möglich, dass man am anderen Ende noch nicht so weit gedacht hat.
- Wenn Sie aus einer optimistischen Kultur den Zeitpunkt erfahren, wann das Problem gelöst sein wird: Fragen Sie ebenfalls nach Einzelheiten – und dann bestimmen Sie selbst, wann Sie mit einer Lösung des Problems rechnen können.

6. Texte präsentieren

Es genügt nicht mehr, einen Text gut zu schreiben – er muss auch gut aussehen. Mit dem PC geschriebene Texte sind heute Standard. Mit einem Textverarbeitungsprogramm kann jeder seine Texte typografisch sauber und angenehm aufbereiten. Damit sind die Ansprüche an eine gute Gestaltung enorm gestiegen: Ein mit Schreibmaschine zusammengebasteltes Skript verursacht heute Stöhnen, ein schlecht gesetztes Flugblatt landet sofort im Papierkorb, ein Buch, das die Augen quält, legen wir schneller zur Seite, unabhängig vom Inhalt.

Neue Technologien senken die Druckkosten und die digitale Verbreitung von Texten kostet fast gar nichts mehr. Die Folge davon: Es zirkuliert eine viel größere Masse an Texten als noch vor ein paar Jahrzehnten. Diese Textinflation überlastet uns alle. Ständig haben wir zu entscheiden, welche Lektüre Vorrang hat, wie viel Aufmerksamkeit sie verdient und wann wir genug von ihr haben. Dabei kann eine einladende Textgestaltung durchaus dazu verlocken, einen Text vor allen anderen zu lesen. Nicht selten überlebt dann nicht der beste oder wichtigste Text, sondern derjenige, der uns am attraktivsten erscheint. Die optische Gestaltung beeinflusst die Wahrnehmung der Inhalte entscheidend.

Wir wollen es beim Lesen so angenehm wie möglich haben. Unser Sinn für Raum und Proportionen will angesprochen werden. Und wir wollen Orientierungspunkte, damit wir die gesuchte Information mühelos abgreifen können, wenn die Zeit nur zum Überfliegen reicht.

Was wir bei der Verbreitung von Texten an Zeit und Geld sparen, müssen wir in eine ansprechende Präsentation investieren. Ob wir es wollen oder nicht: In der Zukunft werden wir alle unsere eigenen Mediengestalter sein, in viel stärkerem Maße als bisher. Die Grundregeln einer guten Textgestaltung kann man lernen und mit einfachen Textverarbeitungsprogrammen anwenden. Wer sie beherrscht, kann ausprobieren, dazulernen und eigene Wege gehen.

Das Wissen in diesem Kapitel hilft Ihnen, einfache Dokumente wie Briefe, Memos und Berichte lesefreundlicher zu gestalten. Sie erfahren auch, wie Sie digitale Texte strukturieren und aufbereiten. Bei allem, was darüber hinausgeht, lohnt sich die Zusammenarbeit mit einem professionellen Grafik-Designer – und die gestaltet sich umso effektiver, je mehr Sie selbst über eine lesefreundliche Textgestaltung wissen.

6.1 Unterschiedliche Lesebedürfnisse bedienen

Weil Texte sich immer schneller verbreiten und das Lesepensum ständig steigt, haben wir unser Lesen ökonomisiert. Wir schätzen, oft unbewusst, den Text nach seiner Wichtigkeit ein und investieren dann unterschiedlich viel Energie in das Lesen. Daraus sind unterschiedliche Arten des Lesens entstanden:

- **Halbbewusstes Aufschnappen**. Wir werfen einen kurzen Blick auf den Text, verarbeiten die Information aber nicht weiter, da wir nicht nach ihr gesucht haben, sondern sie sich uns aufgedrängt hat. Das tun wir bei Hinweisschildern, Reklame, Randinformationen im Internet, Bedienungsanleitungen, aber auch bei langen E-Mails, nachdem wir die Kerninformation erhalten haben.
- **Bummeln**. Wir lassen unser Auge über die Leseweide ziehen. Finden wir etwas: schön. Finden wir nichts: egal. Wir tun dies überall dort, wo viele kleine Texthäppchen serviert werden und uns niemand von einem zum anderen führt: bei Katalogen, Zeitschriften und im Internet. Springt unser Interesse auf etwas an, wechseln wir den Modus und lesen aufmerksam oder genussvoll.
- **Überfliegen**. Wir jagen über den Text und tauchen nur dort tiefer, wo wir Wissenswertes zu finden glauben. Wir tun dies bei allen Texten, die zu lang sind für unser Zeitbudget.
- **Aufmerksames Lesen**. Wir wollen jeden Satz verstehen, wir denken und fühlen beim Lesen mit. Wir tun dies bei allen Texten, bei denen der „Handel" stimmt: Der Leser bekommt die Informationen, die ihm wichtig sind, in der Zeit, die er dafür zu geben bereit ist.
- **Genussvolles Lesen**. Wir sind als Leser bereit, so viel Zeit zu geben, wie der Lesegenuss braucht. Wir tun dies bei einem Krimi, der uns packt, bei einem Sachtext, der uns belebt. In diesem Modus wollen wir vom Schreiber gut geführt werden und nicht mehr ökonomisch entscheiden müssen, welche Stellen sich zu lesen lohnen und welche nicht.

Klar: Alle Schreiber streben danach, aufmerksam oder mit Genuss gelesen zu werden. Doch dies bei allen Lesern vorauszusetzen, wäre entweder naiv oder arrogant. Leser unter Zeitdruck sind dankbar, wenn sie das Wesentliche schnell finden und erfassen. Realität ist: Viele lesen nur einen Bruchteil von dem, was Sie geschrieben haben. Also sollten Sie dafür sorgen, dass es der richtige Bruchteil ist. Eine klare, serviceorientierte Präsentation leistet das.

6.2 Papier oder Bildschirm?

Auch wenn die Schriftkommunikation in unserer Gesellschaft noch immer sehr unterschiedlich ausgeprägt ist, lässt sich sagen: Die meisten lesen mittlerweile ebenso viele Texte in digitaler wie in gedruckter Form. Die digitale Präsentation von Texten steht nun gleichwertig neben der gedruckten. Das lässt dem Schreiber die Wahl: Schicke ich eine E-Mail oder einen Brief? Veröffentliche ich meine Forschungsergebnisse als Buch oder stelle ich sie ins Netz? Drucke ich eine Broschüre oder erweitere ich meine Internetpräsenz? Sende ich die Datei als E-Mail-Anhang oder lege ich sie ausgedruckt dem Chef auf den Tisch?

Bei dieser Entscheidung spielen meistens Kosten und Schnelligkeit die Hauptrolle. Doch neben diesen Faktoren steht fest: Einen Text auf Papier anzubieten ist etwas ganz anderes als ihn auf dem Bildschirm zu servieren. Viele Studien (und die eigene Erfahrung) deuten darauf hin, dass wir vor dem Papier anders lesen als vor dem Bildschirm. Was die Lesequalität anbelangt, fällt das Ergebnis zu Ungunsten des Bildschirms aus: Digital lesen wir etwa 30 Prozent langsamer, nur an wenigen Stellen wirklich gründlich, und unsere Konzentration flacht vor dem Bildschirm schneller ab als vor Papier.

Wir spüren es am eigenen Leib: Papier ist in vielen Punkten immer noch das bessere Medium. Erinnern wir uns an die wichtigsten Vorteile:

- Papier lässt sich leicht bewegen: Der Leser „tanzt“ mit dem Text, er kann Körper- und Augenhaltung problemlos verändern. Vor dem Bildschirm ist er fixiert.
- Papier hat Substanz – und damit auch der Text: Es lässt sich nicht so leicht wegklicken, sondern bleibt liegen und erinnert daran, gelesen zu werden.
- Papier gibt dem Leser eine sinnliche Erfahrung: Oberfläche und Stärke kann er fühlen. Er hat den Text in der Hand, hat ihn also schon „begriffen“, bevor er ihn durchgelesen hat. Das gibt ein beruhigendes Gefühl von Kontrolle.
- Papier gibt dem Leser Überblick und Orientierung. Er bekommt automatisch einen Sinn für den gesamten Text und für die Proportionen seiner Teile.
- Papier erleichtert die Konzentration. Nichts auf dem Medium lenkt vom Lesen ab.
- Papier ist mobil: Man kann damit aufs Sofa, in die Badewanne, in den Zug oder zum Strand.

Wegen all dieser Gründe wird das Papier als Textmedium nicht aussterben: Es befriedigt das Bedürfnis nach Bewegung, Kontrolle und Konzentration viel besser als das Lesen auf dem Bildschirm.

Andererseits haben digitale Texte natürlich auch ihre guten Seiten:

- Digitale Texte lassen sich schnell und beinah kostenlos verbreiten.
- Digitale Texte lassen sich leicht mit anderen Kommunikationselementen kombinieren: mit Farbe, Bildern, Musik, gesprochener Sprache und Animationen.
- Digitale Texte eröffnen neue kompositorische Möglichkeiten: Statt der üblichen linearen Leserführung kann der Schreiber nun Strukturen anlegen, die eher einer Schnitzeljagd mit vielen parallelen Pfaden gleichen.
- Digitale Texte bieten Wahlfreiheit: Der Leser kann gezielter entscheiden, wo er weiterlesen will.
- Digitale Texte sind unschlagbar, wenn man kategorisierte Informationen finden will: Statt langwierigem Herumblättern gibt man ein Suchwort ein und schon wird man fündig.
- Digitale Texte eröffnen einen unkomplizierten Dialog: Per E-Mail kann man unmittelbar reagieren.

Aufgrund dieser unterschiedlichen Vor- und Nachteile ist es nicht egal, ob Sie einen Text digital oder gedruckt präsentieren. Die Wahl des Lesemediums hat bereits einen entscheidenden Einfluss darauf, wie Ihr Text behandelt und gelesen wird. Doch wer die Vor- und Nachteile beider Medien verinnerlicht hat, kann die richtige Entscheidung leicht treffen. Hier meine Empfehlungen:

Wann eignet sich Papier?

- Wenn der Text lang und linear strukturiert ist.
  Niemand hat ewig Geduld beim Scrollen. Niemand liest gerne länger als zwanzig Minuten in derselben Datei. Also: Alle ausführlichen Argumentationen und Berichte lieber aufs Papier. Dort haben lange Texte eine größere Chance, aufmerksam gelesen zu werden.
- *Wenn ich meinen Leser „eng" führen will.*
  Soll der Leser etwas in einer festgelegten Abfolge lesen, dann ist auf Papier die Chance größer, dass er Ihnen folgt und nicht kreuz und quer springt.
- *Wenn mein Leser bildschirmphobisch ist.*
  Solche Menschen sind zahlreicher, als man denkt. Wenn der Leser Ihre E-Mail öfter ignoriert, ausdruckt oder jemand anderen antworten lässt: Dann ist es Zeit, bei dieser Person auf Papier umzustellen.
- *Wenn mein Text mit Genuss gelesen werden will.*
  Das kann man auf dem Bildschirm kaum länger als zwanzig Minuten. Deshalb gibt es noch Bücher und Zeitschriften.
- *Wenn der Text einiges Nachdenken erfordert.*
  Auf Papier liest man weniger gehetzt und abgelenkt, der Blick wandert in einem ruhigeren, gleichmäßigeren Rhythmus von Sinneinheit zu Sinneinheit. Zusammen mit der Bewegungsfreiheit, die das Lesen auf Papier gewährt, ist das Gehirn des Lesers eher bereit, tiefer in den Text zu dringen, Bedeutungen zu interpretieren und Zusammenhänge herzustellen.
- *Wenn der Text „kleben" soll.*
  Ein Fax mit dringenden Anweisungen, ein Werbebrief, ein Dankschreiben bleiben präsent, wenn sie auf einem echten Schreibtisch liegen.
- *Wenn Sie den Text förmlich präsentieren wollen.*
  Vor allem in der Korrespondenz zeigt ein Brief viel mehr Bemühung als eine E-Mail. Deshalb erledigt man Geschäftsanbahnungen und offizielle Angelegenheiten lieber auf Papier und die alltägliche Kommunikation per E-Mail.

Wann eignet sich der Bildschirm?

- *Wenn ich eine Vielzahl von gleichwertigen, kurz gefassten Inhalten anbiete.* Die kann ich im Internet verlinken und dem Leser freistellen, was er zuerst lesen will.
- *Wenn ich eine schnelle Reaktion brauche und der Inhalt nicht allzu komplex ist.*
  E-Mails funktionieren am besten im Rhythmus einer Unterhaltung: nur einen Punkt erwähnen, Antwort erhalten, den nächsten Punkt erwähnen, und so weiter.

- *Wenn ich meine Inhalte auf mehreren Kanälen vermitteln will.* Wie zum Beispiel Bilder, Animationen, Musik, gesprochene Sprache.
- *Wenn ich kurze, standardisierte Informationen über eine Suchfunktion bereitstelle.* Wie technische Daten, Produktinformationen, Kurzerklärungen, Anweisungen.

Längere Texte verlieren beim momentanen Stand der digitalen Technik enorm an Wirkung, wenn sie am Bildschirm präsentiert werden. Wer seinem Leser ein aufmerksames oder genussvolles Lesen bescheren will, serviert einen langen Text lieber auf Papier.

Das Bildschirmlesen verleitet meistens zum Modus *Bummeln* oder zum Modus *Überfliegen*, aufmerksames oder genussvolles Lesen gelingt, wenn überhaupt, nur bei kurzen Texten. Die digitale Präsentation ist jedoch ideal für alles, was der Leser schnell mal nachschauen will.

6.3 Die Grundregeln der Textgestaltung

Die meisten Regeln der Textgestaltung gelten für Papier und Bildschirm gleichermaßen. In diesem Abschnitt konzentrieren wir uns auf die Präsentation auf Papier. Im Abschnitt *Texte gestalten für digitale Medien* erfahren Sie, wie Sie diese Grundregeln für die Präsentation auf dem Bildschirm anpassen.

Die passende Schrift wählen

Jeder Standard-PC bietet Ihnen mittlerweile mehrere dutzend Fonts zur Auswahl an. Viele davon sind reine Zierschriften, die kein Leser länger als ein paar Zeilen durchhält. Deshalb ist bei der Auswahl Zurückhaltung geboten, gerade bei auffälligen Schriften. Was man eben noch toll fand, wirkt Stunden später beim zweiten Hinsehen oft gar nicht mehr gut.

Die Wahl der Schrift ist wie der Griff in den Kleiderschrank: Meine Kleidung muss in erster Linie praktische Standards erfüllen und bestimmten Konventionen entsprechen, die meine Gruppe oder der Anlass mir vorschreiben. Schriften sind ebenfalls Konventionen: Ein Geschäftsbericht braucht eine andere Schrift als eine Geburtstagseinladung. Spielraum für Individualität ist zwar da, aber das Spiel mit diesen Konventionen ist eher subtil. Brachiale typographische Schritte wollen gelernt sein und sind Laien nicht zu empfehlen.

Die Schrift, einmal gewählt und beibehalten, ist für ein Unternehmen ein wichtiger Bestandteil seiner Darstellung nach außen. Ein attraktives, aufeinander abgestimmtes und einheitliches Erscheinungsbild war früher nur bei Großunternehmen Thema. Heute kommt man in vielen Branchen auch als Kleinstunternehmen, Einzelunternehmer oder Freiberufler mit einer vernachlässigten Außendarstellung nicht mehr weit.

Wie das Logo und die Farbgestaltung trägt auch die Wahl der Hausschrift dazu bei, dass Sie so wahrgenommen werden, wie Sie wahrgenommen werden wollen. Auf der Suche nach der passenden Schrift lohnt sich die Beratung durch einen Grafik-Designer: Es gibt Tausende von Schriften und wie bei der Kleidung ändert sich die Beliebtheit einer Schrift mit den wechselnden Moden und Sehgewohnheiten. Man wundert sich immer wieder, wie die Varianten des immer gleichen Alphabets so verschiedene Stimmungen erzeugen können: Es gibt Schriften, die geradewegs den Verstand ansprechen, und Schriften, die Gefühle wie Sehnsucht oder Heiterkeit wecken. Es gibt Schriften, die ältere Menschen abschrecken, und Schriften, die junge Menschen uncool finden. Es gibt Schriften, die auf Tradition pochen, und Schriften, die eine Revolution verheißen. Es gibt Schriften, die historische Epochen beschwören, und Schriften, die scheinbar ewig währen. Es gibt Schriften, die Spaß versprechen, und Schriften, aus denen der Ernst des Lebens spricht. Irgendwo auf diesen Skalen lässt sich Ihr Unternehmen positionieren – und dabei kristallisiert sich heraus, welche Schrift es am besten repräsentiert.

Neben den ästhetisch-strategischen Erwägungen gibt es noch vier praktische:

- Eignet sich die Schrift für lange Lesestrecken, falls Ihr Unternehmen auch mit längeren Texten kommuniziert?
- Ist die Schrift auch nach dem Faxen oder Mehrfachkopieren noch gut lesbar?
- Passt die Schrift zum Logo, wenn Sie ein Logo mit Schriftzug haben?
- Wenn Sie viel digital kommunizieren: Wie stimmen Sie Ihre Schrift mit den Web-Standardschriften ab? Oft müssen Sie notgedrungen für das Internet eine andere Schrift wählen, weil das Verwenden der Hausschrift die Funktionalität lähmt. Aber vielleicht passt bereits eine Web-Standardschrift gut zum Unternehmen und man übernimmt sie auch für das Gedruckte? Wenn Sie hauptsächlich über das Internet kommunizieren, mag das die richtige Option sein.

Sich entscheiden: mit Serifen oder ohne?

Zwei große Schriftenfamilien regieren das gedruckte Wort: die Serifenschriften und die serifenlosen Schriften. Eine Serifenschrift hat waagerechte Striche an den Buchstabenenden. Damit wird der Blick besser durch die Zeilen geführt. Das macht das Lesen weniger anstrengend, besonders bei längeren Fließtexten. Ein Blick in ein paar Bücher bestätigt dies: In den allermeisten Fällen fiel dort die Wahl auf eine Serifenschrift. In der Regel braucht sie auch weniger Platz, weil sie wegen der angedeuteten Zeilenführung mit einem geringeren Zeilenabstand auskommt als die Serifenlosen. Der Nachteil von Serifenschriften ist reine Geschmackssache: Sie wirken auf die meisten etwas altmodisch. Oft suggerieren sie auch schwere Lesekost.

Die serifenlosen Schriften wurden in den 1920ern beliebt und alltagstauglich. Momentan erleben sie eine große Renaissance in den digitalen Medien, die auch die gedruckten Medien erfasst. Ohne Zweifel wirken sie offener und leichter als Schriften mit Serifen. Unternehmen, die auf der Höhe der Zeit sein wollen, greifen lieber zu serifenlosen Schriften. Dass sie etwas schwerer lesbar sind, gleichen sie durch ihr frischeres Aussehen wieder aus. Kürzere Texte sind problemlos mit serifenlosen Schriften lesbar.

Fazit: Bei kürzeren Texten darf allein der Geschmack entscheiden. Bei längeren Texten ist man mit Serifenschriften auf der sicheren Seite, obwohl es auch langstreckentaugliche Serifenlose gibt.

Geeignete PC-Standardschriften verwenden

Wer aus den Standardschriften seines PCs wählen will, erhält hier eine kleine Entscheidungshilfe. Die folgenden Fonts zeichnen sich durch gute Lesbarkeit aus, bieten allesamt ein harmonisches Schriftbild und sind vielseitig einsetzbar:

Mit Serifen	Eigenschaften	Ideale Schriftgrößen
Garamond	sehr gut lesbar und Platz sparend	10 / 11 pt
Palatino	weniger betonte Serifen, deshalb moderner als Garamond	9 / 10 pt
Sylfaen	von den Windows-Serifenschriften die modernste und luftigste	10 / 11 pt
Times New Roman	Platz sparend, klassisch-konservativ, die meistverwendete Serifenschrift	10 / 11 / 12 pt

Ohne Serifen	Eigenschaften	Ideale Schriftgrößen
Franklin Gothic	klein und ökonomisch; ausgewogene Ober- und Unterlängen; sanfte Ausstrahlung; auch für längere Texte geeignet	10 / 11 pt
Arial	Platz sparend; lange gerade Linien, sachlich-nüchterne Ausstrahlung; die meistverwendete serifenlose Schrift	9 / 10 / 11 pt
Verdana	großzügige Schrift, braucht Platz	9 / 10 / 11 pt
Tahoma	gleicht Verdana, spart aber mehr Platz	9 / 10 / 11 pt

Noch ein Tipp: Lassen Sie neben Ihrem Geschmack auch Ihren Drucker mitentscheiden. Bei wichtigen Texten und beim endgültigen Bestimmen Ihres persönlichen Fonts lohnt sich ein Probeausdruck. Jeder Drucker hat seine Qualitäten, Vorlieben und Grenzen; einige haben Probleme mit dünnen Strichstärken, andere wiederum mit den dicken, satten. Also: drucken und gucken.

Bei einer Schrift bleiben

Das gilt grundsätzlich für den Fließtext, ist aber auch für den gesamten Text eine gute Idee. Schriften zu kombinieren ist eine Kunst für sich. Wer es wagt und zum Beispiel für seine Headlines eine andere Schrift verwenden will, der wähle eine Zweitschrift, die gut im Kontrast zur Hauptschrift steht: rundes gegen eckiges Schriftbild zum Beispiel, oder schmale gegen fette Strichstärke. Auch gibt es miteinander verwandte serifenlose und Serifenschriften, die sich gut kombinieren lassen.

Mehr als zwei Schriften auf einem Blatt Papier verwirren fast immer das Auge und verraten den Dilettanten, der zu viel ausprobiert.

Schriftgröße, Zeilenlänge und Zeilenabstand bestimmen

Auf Papier sind Schriftgrößen von 9 bis 11 Punkt gut lesbar. Weit laufende Schriften wie Tahoma oder Verdana lassen sich auch auf 8 Punkt noch lesen. Zierliche, dichte Schriften wie Times New Roman verkraften auch 12 Punkt. Kleinere Punktgrößen als 8 sind nur für Nebentexte geeignet, wie Bildunterschriften, Fußnoten oder Marginalien. Die Standard-Punktgröße 12, die bei vielen Textverarbeitungsprogrammen vorab eingestellt ist, verbreitet meistens eine Lesefibel-Stimmung. Das gilt natürlich umso mehr bei noch größeren Schriften im Fließtext.

Zeilenlängen von 55 bis 65 Zeichen inklusive Leerzeichen sind das ideale Maß. Schriften mit einer breiten Laufweite verkraften mehr Zeichen pro Zeile als schmale Laufweiten. Im Allgemeinen hört jedoch ab 75 Zeichen pro Zeile der Lesespaß auf. Bei einem mehrspaltigen Layout sind 40-45 Zeichen pro Zeile ideal, notfalls können Sie auf 35 Zeichen pro Zeile runtergehen, niedrigere Werte lassen die Augen kullern. Fazit: Soll Ihr Text gut lesbar sein, verlassen Sie sich bitte nicht auf die Voreinstellungen Ihres Textverarbeitungsprogramms. Die Seitenränder sind fast immer zu schmal und sie bescheren Ihnen ewig lange Zeilen. Also immer die Ränder verbreitern!

Auch bei den Zeilenabständen verlassen Sie sich lieber nicht auf die Voreinstellungen: Mit *Einfach* schaffen Sie meistens eine Bleiwüste und mit *1,5 Zeilen* wirken die Zeilen bereits verloren. Das optimale Maß liegt irgendwo zwischen 1 und 1,5. Das bedeutet etwas Fummelei, weil Sie den Zeilenabstand manuell und punktgenau festlegen müssen. Als Faustregel sei empfohlen: Schriftgröße plus zwei bis vier Punkte. Bei jeder Schrift gilt: ausprobieren, drucken, gucken. Sie werden das optimale Ergebnis schnell erkennen.

Hier noch einige Tipps, wie Sie mit Schriftgröße, Zeilenlänge und Zeilenabstand am besten jonglieren:

- Bei längeren Zeilen den Zeilenabstand um einen Punkt oder zwei vergrößern, bei kürzeren um einen Punkt oder zwei verringern.
- Kleinere Schriftgrößen lassen sich leichter lesen, wenn Sie den Zeilenabstand um einen Punkt oder zwei vergrößern.
- Serifenlose Schriften wirken besser, wenn Sie den Zeilenabstand um einen Punkt oder zwei vergrößern.
- Serifenschriften verkraften wegen ihrer angedeuteten Zeilenführung einen geringeren Zeilenabstand als serifenlose. In der Regel genügt ein Abstand von Schriftgröße plus 2 oder 3 Punkte.
- Machen Sie den Blinzeltest: eine Probeseite mit Fließtext ausdrucken. Den Blick auf „verschwommen" stellen. Wenn Sie dann eine halbwegs gleichmäßige graue Fläche sehen, ist das Schriftbild in Ordnung. Wenn die weißen Zwischenräume deutlich hervorstechen, ist der Zeilenabstand zu weit. Ist die Fläche zu dunkel und kompakt, ist der Zeilenabstand zu eng.

Mit Auszeichnungen dem Leser helfen

Sparsam angewendet, hilft das Auszeichnen, das Hervorheben einzelner Wörter, durchaus beim Lesen. Doch ein übertriebener Mix aus **fetten**, *kursiven*, unterstrichenen und in KAPITÄLCHEN geschriebenen Passagen, wie in manchen Werbebriefen zu finden, brüllt den Leser nur an und verwirrt ihn. Denn: Wenn alles irgendwie wichtig ist, dann ist gar nichts wichtig. Hier die wichtigsten drei Tipps vorab:

- Wählen Sie im Fließtext nur eine Art der Auszeichnung. Wenn es wirklich sein muss: Allerhöchstens zwei.
- Vermeiden Sie Kombinationen, also **fett** und ***kursiv*** und GROSS GESCHRIEBEN und UNTERSTRICHENEN. Das wirkt nicht souverän.
- Halten Sie sich damit zurück, dem Leser durch Auszeichnen zu signalisieren, was Sie selbst im Fließtext für wichtig halten. Der Leser mag sich zu Recht manipuliert fühlen, und das zerstört sein Vertrauen in Ihren Text.

Auszeichnungen sollen das Lesen sanft lenken und dem Leser dienen. Zum Beispiel dann, wenn Sie ungewohnte Begriffe einführen:

Die Philosophie des *Ichinen Sanzen*, die in jedem Augenblick ...

Damit signalisieren Sie: Achtung! Neuer Begriff! Musst du noch nicht wissen! Nützlich ist es auch, wenn Sie die Begriffe markieren, mit denen gerade etwas getan oder gedacht wird:

Drücken Sie die Taste MODE und wählen Sie mit den Pfeiltasten den Menüpunkt SETTINGS.

Damit signalisieren Sie: Behalt das! Darum geht es im Moment!
Mit Auszeichnungen können Sie auch die Bedeutung Ihrer Aussage steuern:

Beides zählt: Einen guten Text schreiben *und* ihn attraktiv präsentieren.

Damit signalisieren Sie: *So* will ich verstanden werden!

Sie erleichtern dem Leser auch das Verständnis, wenn Sie wichtige Schlüsselbegriffe hervorheben:

Dem stehen vier Führungsstile gegenüber: das *Anleiten*, das eine enge Schritt-für-Schritt-Führung erfordert; das *Trainieren*, das die neuen Fähigkeiten vertieft; das *Unterstützen*, das nur noch punktuell eingreift; und schließlich das *Delegieren*, das den Mitarbeiter in das selbstständige Arbeiten entlässt.

Damit signalisieren Sie: Diese Begriffe sind wichtig! Aber auch: Diese Begriffe gehören zusammen!

Jede Auszeichnungsform wirkt anders, daher hier die wichtigsten Formen und ihre Einsatzgebiete:

- *Kursives Auszeichnen.* Das sanfteste Signal, das Sie setzen können. Es stört den Lesefluss kaum und ist deshalb die beliebteste Form im Fließtext.
- **Fettes Auszeichnen.** Es ist sehr viel deutlicher. Eignet sich, wenn Sie wissen, dass Ihr Text meistens überflogen wird und starke Orientierungspunkte braucht.

- Unterstrichenes Auszeichnen hemmt den Lesefluss so stark wie das fette Auszeichnen, ist aber längst nicht so deutlich. Wird vielleicht deshalb immer seltener verwendet.
- AUSZEICHNEN MIT KAPITÄLCHEN. In mehreren Worten oder gar Sätzen sind Kapitälchen genauso schwer lesbar wie Schrift in Großbuchstaben. Sie eignen sich jedoch gut zum Hervorheben von Firmen- und Markennamen.

Hierarchien kennzeichnen mit Überschriften

Längere Texte haben Sie bereits vor dem eigentlichen Schreiben gegliedert: Sie wissen, was zum jeweiligen Hauptteil, Kapitel oder Abschnitt gehört und Sie haben gute Überschriften für die einzelnen Teile formuliert. Ob der nächste Textteil dem Vorangegangenen etwas Ebenbürtiges oder etwas Vertiefendes präsentiert oder ob er etwas Neues und Übergeordnetes ankündigt – das signalisieren Sie mit der Gestaltung Ihrer Überschriften. Sie können Schriftgröße und Auszeichnung einer Überschrift beliebig miteinander kombinieren, um die Hierarchie Ihrer Texte deutlich zu machen. Dabei müssen Sie natürlich darauf achten, dass die verschiedenen Überschriften eindeutig in ihrer Rangfolge erkennbar sind, zum Beispiel so:

Kapitelüberschrift	20 Pt. fett
Überschrift für Unterkapitel	15 Pt. fett
Überschrift für Abschnitte	13 Pt. fett
Fließtext	11 Pt.

Wie deutlich oder dezent Sie die Überschriften gestalten, hängt vom Thema und Ihrem Geschmack ab. Deutliche Überschriften lockern den Text auf, jedoch bei sehr seriösen Themen können sie marktschreierisch wirken. Dezente Überschriften wirken seriös, signalisieren aber auch schwerere Kost.

Dezent gestaltete Überschriften können Sie verdeutlichen, wenn Sie ihnen einen Tick mehr Weißraum geben, das heißt: den Zeilenabstand zum oberen und unteren Absatz etwas vergrößern. Dabei muss klar sein, dass die Überschrift zum Absatz darunter gehört. Der Zeilenabstand zum Absatz darüber muss also stets größer sein.

Bei dezent gestalteten Überschriften oder bei einem sehr systematisch aufbereiteten Thema können Sie den Überschriften Ordnungszahlen voranstellen. Also:

1. Kapitelüberschrift
1.1 Unterkapitel
1.1.1 Abschnitt
1.1.2 Abschnitt

So wird die Hierarchie der einzelnen Textteile sehr klar, Sie signalisieren damit aber auch: trockene Kost.

Was nicht funktioniert: die Hierarchie der Textabschnitte durch Einrücken kennzeichnen, das heißt, Unterkapitel weiter nach rechts rücken und Abschnitte noch weiter nach rechts. So entsteht ein treppenartiges Schriftbild, das dem Leser keinerlei Orientierung bietet, sondern nur verwirrt.

Von Absatz zu Absatz führen

Absätze signalisieren den Sprung von einem abgerundeten Gedanken zum nächsten. Sie können Absätze auf zwei Arten markieren:

- durch Einrücken der ersten Zeile
- durch Vergrößern des Zeilenabstands nach dem Absatz

Das Einrücken markiert einen neuen Absatz sehr deutlich. Bei kurzen Absätzen oder kürzeren Texten wie Briefen kann die eingerückte erste Zeile jedoch zu unruhig wirken. Ob man einrückt, hängt davon ab, ob ein solches Schriftbild gefällt.

Wenn Sie nicht einrücken, müssen Sie den Zeilenabstand zwischen den Absätzen vergrößern. Wie groß der Abstand sein soll, hängt davon ab, wie viel Atempause Sie Ihrem Leser nach dem Absatz lassen wollen. Ein kleinerer Abstand vermittelt einen engeren Zusammenhang und lädt zu einem fließenden Lesen ein. Größere Abstände markieren den Absatz stärker als geschlossene Einheit und laden zu einer längeren Atempause oder auch zum isolierten Lesen ein. Längere Texte verkraften in der Regel kürzere Absatzabstände. Kürzere Texte wie Briefe oder E-Mails verlangen eher nach größeren Abständen.

Und wie groß dürfen die Abstände sein? In der Regel gilt bei einer 10-Punkt-Schriftgröße: Der kleinste noch wahrnehmbare Abstand zwischen Absätzen ist 4 Punkt zusätzlich zum normalen Zeilenabstand; der größte Abstand, der die Verbindung der Absätze gerade noch herstellt, ist 10 Punkt zusätzlich. Eine volle Leerzeile zwischen den Absätzen ist in den meisten Fällen zu viel.

Einmal festgelegt, sollte der Zeilenabstand zwischen den Absätzen im gesamten Fließtext konsequent durchgehalten werden.

Aufzählungen gestalten

Aufzählungen sind strukturierte Absätze, die Ihre Informationen oder Argumente in eine übersichtliche Reihenfolge bringen. Sie haben verschiedene Möglichkeiten, Aufzählungen zu gestalten:

- **Piktogramme** wie ✓, →, ❦ können Sie verwenden, wenn sie zum Thema passen oder eine bestimmte Funktion erfüllen, wie das ✓-Zeichen zum Darstellen einer Checkliste. Zu viele verschiedene Aufzählungs-Piktogramme wirken allerdings dilettantisch.
- **Neutrale Aufzählungszeichen** wie dicke Punkte oder Querstriche genügen für die meisten Texte. Wie die Piktogramme vermitteln sie eher ein gleichwertiges Nebeneinander der aufgezählten Punkte. Da man sie jedoch nur nacheinander lesen kann, sollten Sie sich die Reihenfolge des Aufgezählten trotzdem überlegen: Setze ich den wichtigsten Punkt zuerst oder zuletzt? Welche Reihenfolge leuchtet dem Leser am besten ein?

- **Nummerierungen** legen die Reihenfolge klar fest. Sie signalisieren dem Leser: erst dies, dann das. Sie eignen sich deshalb hervorragend zum Darstellen von zeitlichen und logischen Abfolgen, wie zum Beispiel: Arbeitsschritte, Programmpunkte, Anweisungen.

Drei bis fünf, allerhöchstens sieben Punkte machen aus einer Aufzählung eine runde Sache. Wenn Sie nur zwei zentrale und zusammengehörende Punkte gesondert präsentieren wollen – auch das geht. Und nummerierte Aufzählungen dürfen im Notfall auch mehr als sieben Punkte enthalten.

Auch wenn viele Textverarbeitungsprogramme darauf voreingestellt sind: Das Schriftbild leidet meistens, wenn Sie Aufzählungen einrücken. Eine durchgängige linke Außenkante verleiht ihm Stabilität und gibt dem Auge des Lesers einen Halt. Deshalb befolgen Sie lieber diese Tipps:

- Die Aufzählungszeichen oder Nummern beginnen am besten dort, wo die Zeilen des normalen Fließtextes auch beginnen. Zwischen Aufzählungszeichen und Text wirkt ein Abstand von etwa einem halben Zentimeter am besten.
- Sind die Aufzählungspunkte weniger als eine Zeile lang, braucht es nur einen geringen oder gar keinen zusätzlichen Zeilenabstand zwischen den einzelnen Punkten.
- Gehen die Aufzählungspunkte über mehrere Zeilen, können Sie den Zeilenabstand zwischen den Aufzählungspunkten etwas vergrößern, damit sie sich deutlicher voneinander abheben. Doch er sollte kleiner sein als der Abstand zwischen den Absätzen.

Spitzmarken sind ein weiteres Mittel, wie Sie zusammengehörende Informationen oder Argumente übersichtlich strukturieren können: Sie stellen dem Absatz einen Schlüsselbegriff oder Schlüsselsatz voran, markieren ihn durch eine Auszeichnung und schreiben dann in normalem Fließtextformat weiter:

Auf den Charakter der Princess-Dosen ist Verlass:

Robust. Princess-Dosen trotzen der Kälte bis zu -20 Grad und ertragen Hitze bis zu +90 Grad. Tiefkühltruhen, Geschirrspüler und Mikrowellen können ihnen nichts anhaben.

Bescheiden. Princess-Dosen kommen ineinander gestapelt zu ihnen. Sie kommen mit einem Achtel des üblichen Lagerraums aus.

Alle genannten Arten der Aufzählung sind umso verständlicher, je ähnlicher die einzelnen Punkte formuliert sind. Im Text oben kommt zum Beispiel immer ein Adjektiv als Spitzmarke, dann beginnt der Satz mit „Princess-Dosen ...“ und schließlich folgt ein Satz, der den Nutzen verdeutlicht. Solche Parallelismen helfen dem Leser, das Aufgezählte zu erfassen und zu behalten.

Mit Zusatzelementen den Fließtext stärken

Manchmal sind Informationen besser außerhalb des normalen Fließtextes untergebracht. Ihnen stehen zur Verfügung:

- **Tabellen, Diagramme und Charts.** Sie sind unschlagbar bei Zahlenentwicklungen, Kategorisierungen und Proportionen. Was im Fließtext endlose, meist verwirrende Satzketten braucht, wird so mit einem Blick erfasst. Wenn sie den Fließtext ersetzen, dann können sie wie ein Absatz in den Text eingebaut werden, entweder linksbündig wie der Fließtext oder zentriert. Liefern sie nur illustrierende Zusatzinformationen, sollten sie lieber am Rand platziert werden.
- **Bilder.** Sie ersetzen manchmal viele Worte, schaffen Emotion und vertiefen im besten Fall das Geschriebene. Ansonsten lockern sie den Text auf oder vermitteln zusätzliche Einblicke. Wenn der Fließtext nicht direkt auf sie eingeht, sollten sie lieber am Rand platziert werden, anstatt den Fließtext auseinanderzureißen.
- **Infoboxen.** Sie vermitteln Hintergrundwissen oder grundsätzliche Erklärungen, die im Haupttext zu sehr ablenken würden. Sie sind meistens unten auf der Seite platziert.
- **Marginalien** sind kurze Randbemerkungen neben dem Fließtext. Sie lassen sich für verschiedene Zwecke einsetzen: Bei langen Informationstexten können Sie Schlagworte oder Kernaussagen in Marginalien bringen, damit der Leser leichter die gewünschte Information findet. Die Marginalien bilden in diesem Fall eine „Überholspur" neben dem Fließtext und erleichtern so das Überfliegen.

  Sie können Marginalien aber auch für Zusatzinformationen verwenden, die die Argumente im Fließtext stützen. Das können Zitate von anerkannten Autoritäten sein, zusätzliche Fakten oder statistische Angaben.

  Marginalien können Sie entweder am linken oder am rechten Seitenrand anbringen; an beiden Rändern platziert, lenken sie zu sehr vom Fließtext ab. Am linken Seitenrand wirken Marginalien sehr dominant, dort empfiehlt sich, wenn überhaupt, nur ihr Gebrauch als „Überholspur". Für Zusatzinformationen verwenden Sie lieber ausschließlich den rechten Seitenrand.

So nützlich diese Zusatzelemente im Einzelfall sind: Zu viel davon löst beim Leser Blickpanik aus und stört die Konzentration auf den Fließtext. Auf jeder Seite sollte immer noch deutlich erkennbar sein, wo die eigentliche Musik spielt: in der Fließtextspalte.

Text ausrichten: Block- oder Flattersatz?

Der Blocksatz mit seinen zwei geraden Außenkanten links und rechts sieht recht schön aus, macht aber viel Arbeit, wenn Sie ihn leserfreundlich gestalten wollen. Denn: Einfach nur auf den Blocksatz-Button drücken – damit ist es nicht getan. Das reißt in manchen Zeilen die Wörter zu weit auseinander und das Schriftbild wird löchrig. Abhilfe schafft hier das Trennen von sperrigen Wörtern. Zwar haben die meisten Textverarbeitungsprogramme eine automatische Trennfunktion, doch wenn man es wirklich gut machen will, bleibt viel Handarbeit.

Blocksatz ist eigentlich nur bei einem mehrspaltigen Layout mit schmalen Spalten obligatorisch, ansonsten setzt sich immer mehr der umgänglichere Flattersatz durch. Auch bei Geschäftsbriefen ist der Blocksatz kein Ausweis für Professionalität, vor allem dann nicht, wenn er schlampig gesetzt ist.

Auch in punkto Leserfreundlichkeit ist der Blocksatz nicht unbedingt die erste Wahl. Auf den ersten Blick wirkt er zwar ruhig und sauber, doch er liefert dem Auge keine Höhenorientierung am rechten Rand, dafür umso mehr Worttrennungen, die schwerer zu lesen sind.

Der Flattersatz mit seinem unregelmäßigen rechten Rand ist eigentlich recht leserfreundlich: Sein Zackenbild bietet dem Auge eine zusätzliche Höhenorientierung, es kann sicher Zeile für Zeile hinabklettern. Unschön wird der Flattersatz, wenn sich rechts Treppenmuster bilden oder weiße Riesenzähne in den Text ragen. Einen ausgewogenen rechten Rand erhalten Sie, wenn Sie dem Text ein Flattern von plus oder minus vier Zeichen erlauben. Auch hier werden Sie Wörter trennen müssen, aber längst nicht so viele wie beim Blocksatz. Wie viel Mühe Sie aufwenden wollen, die Zackenlängen einander anzugleichen, hängt von der Wichtigkeit des Dokuments und von Ihrem Perfektionismus ab. Die unterschiedlichen Zackenlängen sehen zwar unschön aus, beim Lesen stören sie jedoch kaum.

Trennen und Umbrechen

Ob bei Wörtern, Zeilen oder Seiten: Trennungen stören stets den Lesefluss, müssen aber sein. Leserfreundliche Trennungen und Umbrüche brauchen Zeit, vor allem deshalb, weil bei nachträglichen Änderungen frustrierende Dominoeffekte entstehen. Deshalb sollten Sie vorher entscheiden, wie perfekt Ihr Text präsentiert werden muss, dann die folgenden Tipps abwägen und anwenden.

Die Wörter am Ende einer Zeile trennen Sie am besten so:

- Je mehr Silben bei einer Worttrennung oben sind, umso besser. Trennungen nach der ersten Silbe lieber vermeiden, vor allem, wenn sie unbetont ist.
- Jede Worttrennung testen: Entstellt sich der Sinn? (Wie bei bein-halten, Urinstinkt, Heiler-wartung, Stiefel-tern.)
- Eine Worttrennung an jedem dritten Zeilenende oder seltener ist ideal. Zwei Zeilenenden mit Worttrennungen hintereinander sind erträglich, drei sind tabu.
- Das letzte Wort in einem Absatz lieber nicht trennen.

Beim Zeilenumbruch gehen Sie am besten folgendermaßen vor:

- Für besonders perfekte Präsentationen lassen Sie Artikel und Possessivpronomen (der/die/das/ein/eine/mein/dein) lieber in der Zeile, in der das Hauptwort steht.
- Namen lassen Sie, wenn möglich, komplett in einer Zeile.
- Am Absatzende sollte kein einzelnes Wort verloren in der letzten Zeile stehen.

Und beim Spalten- und Seitenumbruch beachten Sie:

- Nach Überschriften sollten noch mindestens drei Zeilen folgen, dann erst Spalte/Seite umbrechen.

- Neue Absätze brauchen mindestens drei Zeilen auf der alten Spalte/Seite.
- Auf einer neuen Spalte/Seite sollten nicht weniger als drei Zeilen vom Restabsatz stehen.

Das Layout festlegen

Für das DIN-A4-Hochformat empfehlen sich zwei Layoutformen: die klassische oder die asymmetrische Variante.

Die klassische Variante ist so sehr Standard, dass sich eine Beschreibung fast erübrigt: eine in der Seitenmitte platzierte dicke Textspalte mit gleich breiten Rändern rechts und links. Zusatzelemente wie Tabellen, Bilder oder Grafiken erscheinen zwischen den Absätzen:

Diese Variante lässt sich schnell und problemlos herstellen. Die langen Zeilen sorgen für relativ wenig Trenn- und Umbrucharbeit. Da auf der Seite nichts weiter ablenkt, fördert sie das konzentrierte, lineare Lesen. Sie eignet sich deshalb besonders für lange wie kurze Fließtexte, die nur durch Überschriften strukturiert sind und mit wenig Zusatzelementen auskommen. Diagramme, Tabellen oder Bilder finden in diesem Layout nur zwischen den Absätzen Platz, sind also Teil des Leseflusses und seiner linearen Abfolge. Sie können deshalb nichts parallel darstellen, zum Beispiel im Fließtext etwas erklären und es daneben mit einem Diagramm veranschaulichen.

Hier einige Tipps für diese Layoutform:

- Auf die Zeilenlänge achten! Optimal sind etwa 55 – 65 Zeichen. Das erlaubt großzügige Seitenränder.
- Oben und unten mindestens 2,5 cm Rand lassen.
  Unten darf der Rand 0,5-1 cm größer sein als oben, das gibt der Seite mehr Ausgewogenheit.
- Ob Sie lieber eine Fußzeile oder eine Kopfzeile anlegen, ist reine Geschmackssache. Diese Zeile sollte nicht näher als 1 cm an den Seitenrand rücken und einen guten Abstand zum Fließtext haben. Mittig oder linksbündig platziert, kann sie wie eine Überschrift wirken. Wenn Sie diese Zeile stattdessen am rechten Satzrand ausrichten, entgehen Sie dieser Gefahr.

Die *asymmetrische Variante* macht Platz für eine „Parallelspur“, auf der Sie Ihren Text mit Marginalien, Diagrammen, Bildern oder Tabellen anreichern können:

Sie schaffen eine breitere Spalte für den Fließtext und eine schmalere für die Zusatzelemente, etwa im Verhältnis von 2/3 zu 1/3. In dieser Layoutform haben Sie Raum für parallele Darstellungen, die Sie vielfältig nutzen können: für zusammenfassende Marginalien (die Überholspur für eilige Leser); für Zusatzinformationen, die den Fließtext zu stark unterbrechen würden; für illustrierende Bilder und Grafiken. Die Fließtextspalte ist immer noch breit genug für eine optimale Lesezeilenlänge, die Trenn- und Umbrucharbeit hält sich in Grenzen.

Meistens sind der Fließtext links und die Spalte für Zusatzelemente rechts, denn das räumt dem Fließtext die Dominanz ein, die er haben sollte. Die Spalte für Zusatzelemente kann links stehen, wenn Sie dort ausschließlich zusammenfassende Marginalien als „Überholspur" für den Leser unterbringen wollen.

Diese Layoutform bietet sich an für:

- Texte mit vielen Zusatzelementen und für Texte, die kaum vollständig gelesen werden,
- Texte, die dem Leser anhand von Marginalien Orientierung geben wollen, damit er sich die Stellen heraussuchen kann, die für ihn relevant sind,
- anleitende Texte, die anhand von Bildern oder Grafiken die Arbeitsschritte erklären.

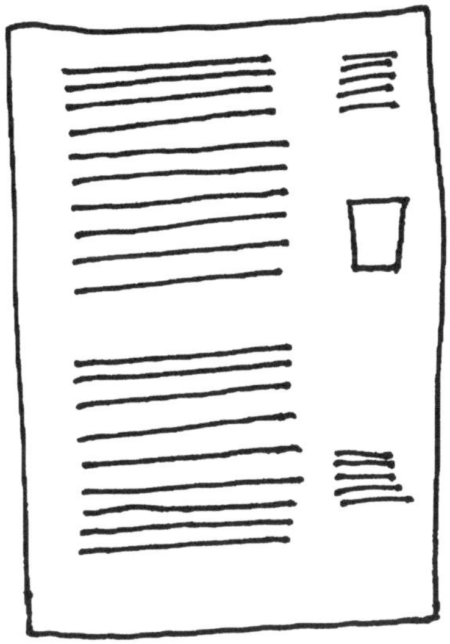

Das asymmetrische Layout ist aufwändiger zu produzieren als der symmetrische Klassiker. Ihr Textverarbeitungsprogramm unterstützt in der Regel keine parallele Gestaltung von zwei Spalten nebeneinander. Sie müssen sich dann mit einem einspaltigen Satz für den Fließtext behelfen und die schmalere Spalte mit Textfeldern oder Tabellen simulieren.

Die klassische und die asymmetrische Layoutform eignen sich am besten für das DIN-A4-Hochformat. Zwei oder mehrspaltige Layouts für dieses Format empfehlen sich eigentlich nur für Newsletter mit kurzen Texten. In diesem Bereich ist dann schnell die Grenze dessen erreicht, was man selbst noch halbwegs professionell machen kann. Das Gleiche gilt auch für andere Papierformate wie DIN-A4-Querformat, Postkarten, Flyer oder doppelseitige Buch- und Zeitschriftenlayouts. Für solche Projekte sollten Sie mitbringen: viel Kreativität, um aus den vorhandenen Mitteln und Kenntnissen das Beste zu machen, oder ein Desktop-Publishing-Programm plus Zeit, Geduld und einen guten Lehrer.

Papier wählen und drucken

Papier und Druckqualität entscheiden darüber, wie Ihre Bemühungen um eine gute Präsentation letztlich aussehen. Darüber hinaus prägen sie den Eindruck, den andere von Ihnen bekommen. Bei Texten für den Hausgebrauch mag dies eine geringe Rolle spielen, bei Bewerbungen und in der Kundenkorrespondenz kann es entscheidend sein.

Beim Papier gilt dasselbe Prinzip wie bei der Wahl der Schrift: lieber dezent bleiben, die Konventionen beachten und mit den Nuancen spielen. Hier einige Tipps dazu:

- Das normale Kopierpapier mit 80 g/m² taugt für den Hausgebrauch. Als Brief- oder Präsentationspapier wirkt es zu dünn, es knickt bei der kleinsten Berührung. Wer seinem Schreiben mehr Wertigkeit vermitteln will, nehme Papiere mit einer Grammatur von 90 oder 100. Für Einladungskarten, Deckblätter, Trennblätter ist man mit Grammaturen von 150 bis 200 gut bedient. Post- und Visitenkarten wirken in der Regel ab 300 g/m² richtig solide.
- Volumenpapiere sind eine gute Alternative, wenn Gewichtsgrenzen beim Porto eingehalten werden müssen: Diese Papiere fühlen sich dicker an, als sie von ihrer Grammatur her sind, und vermitteln so die gleiche Wertigkeit wie höhere Grammaturen.
- Farbiges Papier aus dem Copyshop oder marmoriertes Papier wirkt im Berufs- und Geschäftsleben ziemlich handgestrickt – lieber Finger weg davon.
- Am besten wirken: weißes Papier, Papier mit leichten Grauwerten, Papier mit leichten Gelbwerten.
- Umweltpapier hat sich leider nur bei Behörden durchgesetzt und bei Unternehmen, wo Umweltschutz und Nachhaltigkeit zu den zentralen Geschäftsinteressen gehören. Wer es verwendet, wird leider innerhalb dieser Schublade wahrgenommen. Eine Alternative: Mittlerweile gibt es auch hochwertiges Recyclingpapier, dem man das Recycling nicht mehr ansieht.
- In der Regel gilt: Glatte Oberflächen vermitteln Sachlichkeit und Modernität; raue oder strukturierte Oberflächen vermitteln Wärme und Tradition.
- Testen Sie grundsätzlich Ihre Papierwahl an Ihrem Drucker, bevor Sie große Mengen kaufen!

Für den Druck Ihrer Dokumente sind Tintenstrahldrucker die populäre und preiswerte Wahl, doch diese Drucker sind recht wählerisch in punkto Papier. Viele liefern bestechende Qualität nur mit dem Papier, das der Druckerhersteller vertreibt. Bei anderen Papiersorten trübt der Tintensmog an den Buchstabenrändern oft die Lesefreude, vor allem bei kleineren Schriftgrößen. Wer mit diesem Druckertyp optimale Ergebnisse erreichen will, muss viel probieren: Verträgt er diese Papiersorte überhaupt oder verläuft die Schrift? Lässt sich in den Druckereinstellungen vielleicht noch etwas optimieren? An Trockenzeit? Halbtonoptionen? Farboptionen? Druckmodi? Regeln dafür gibt es nicht und die Hotlines der Hersteller kosten meistens oder sind besetzt. Doch wer diese Tortur hinter sich, sein Papier gefunden und die Grundeinstellungen optimiert hat, kann mit Tintenstrahlern gut leben.

Laserdrucker sind viel umgänglicher in punkto Papier, stabiler in punkto Druckqualität und mittlerweile auf ein verkraftbares Preisniveau gefallen. Sie lohnen sich für jeden, der im Monat mehr als 500 Seiten druckt.

Copyshops und Digitaldruckereien sind die Alternative für diejenigen, die nur ab und zu optimale Druckqualität benötigen. Doch Preise, Service und Qualität variieren in diesem Geschäftsfeld ohne einleuchtende Logik. Also bloß nicht den Erstbesten nehmen, sondern viele austesten oder sich umhören.

6.4 Geschäftsbriefe gestalten nach DIN 5008

Wie ein Geschäftsbrief aussehen soll, dafür gibt es sogar eine Norm, die DIN 5008. Entwickelt wird sie im Deutschen Institut für Normung. Der dortige Arbeitsausschuss für die Textverarbeitung versucht sich an einem Regelwerk, das sich ableitet aus den praktischen Erkenntnissen und Bedürfnissen von Unternehmen, Behörden und Bildungseinrichtungen. Dieses Regelwerk hat eine gute Absicht: Es setzt klare Erkennungsmuster, es lehrt einheitliche Standards in den Schulen, es erleichtert die Schriftkommunikation. Zu Zeiten der Schreibmaschine, als die Seitengestaltung eine Tortur war, bot diese Norm das rettende Handwerkszeug. Auch heute noch, zu PC-Zeiten, ist sie der Fundus des gesunden Menschenverstands in punkto Briefgestaltung und Schreibweisen.

Ich rate zu einem respektvollen, aber pragmatischen Umgang mit dieser Norm: Nichts und niemand zwingt uns, sie bis ins letzte Detail zu befolgen. In einigen Punkten halte ich sie nicht unbedingt für leserfreundlich. So verleitet der vorgeschriebene knappe Seitenrand von 24,1 mm zu sehr langen Zeilen – ein deutliches Relikt aus der Schreibmaschinenzeit, als die breiten Buchstaben noch viel Platz brauchten. Auch könnte man darüber streiten, ob Platzierungsnormen in Zehntelmillimeter-Einheiten nicht etwas übertrieben sind.

Aber: Im Allgemeinen sind diese Regeln praktisch und klug. Wer viele Geschäftsbriefe schreibt und seinen PC entsprechend einrichten will, für den lohnt sich eine intensivere Beschäftigung damit.

Hier erfahren Sie die wichtigsten Gestaltungsvorschläge anhand eines Musterbriefs (vgl. Abb. S. 142):

1. Absenderzeile

- Macht bei Briefkuverts mit Sichtfenstern den Absender kenntlich.
- Für die meisten Kuverts liegt die Absenderzeile 45 mm unterhalb des oberen Blattrandes genau richtig.
- Eine deutlich kleinere Schrift verhindert Verwechslungen mit den Anschriftzeilen.

2. Anschriftblock

- Wer diesen Block dauerhaft einrichten will, plant am besten neun Zeilen ein, dann sind Sie auf der sicheren Seite bei Mammutadressen plus Zustellanweisungen.
- Die Zeile 1 kann gleich nach der Absenderzeile beginnen. Sie ist für postalische Angaben reserviert wie „Express“, „Einschreiben“, „Büchersendung“.
- Die Zeile 2 ist für Zustellvermerke da wie „Persönlich, Nicht nachsenden“. Diese Hinweise können unterstrichen werden.

- Auf Zeile 3 kann die Anrede beginnen oder der Firmenname.
- Auf Zeile 4 steht meistens der Name.
- „Zu Händen“ oder „z. H.“ wird nicht mehr geschrieben. Schreiben Sie nur

taghell

(1) taghell GmbH • Gustav-Adolf-Straße 51 • 22769 Hamburg

(2) Pinnacle Publishing GmbH
Herrn Karl Kraus
Schillerstraße 45
22767 Hamburg

(3) **Ihr Ansprechpartner:**
Bernd Vollmer
Tel.: 040 **38120230**
Fax: 040 **38120238**
vollmer@taghell.de
www.taghell.de

(4) 6. Januar 2005

(5) **Ihre Fragen zu unseren Tageslichtleuchten**

(6) Sehr geehrter Herr Kraus,

(7) vielen Dank für Ihr Interesse an unseren Truelight-Leuchten. Sie liegen überall richtig in Ihren Annahmen:

Ja – die Leuchten sind bereits mit Leuchtmitteln ausgestattet, Extrakosten fallen für Sie nicht an. Die Leuchtmittel halten etwa 20.000 Stunden – Sie können also fast 5 1/2 Jahre das Licht täglich 10 Stunden brennen lassen.

Ja – ein Montageservice würde extra kosten, aber: Es ist wirklich kinderleicht, die Leuchten selbst zu montieren. Wir unterstützen Sie natürlich dabei – am Telefon oder per E-Mail.

Da Sie ganz in der Nähe sind, raten wir zur Selbstabholung. Sie sparen sich dabei die Transportpauschale – und wir können Ihnen die Montage erklären.

Die gesamte Ausstattung für Ihr Büro würde dann kosten:

(8)

2 Leuchten HELIOS à 168 €	336 €
1 Leuchte POLAR	258 €
Gesamtbetrag (Nettopreis)	**594 €**

Wir halten die Leuchten bis zum 23. Januar 2006 für Sie zur Abholung bereit. Geöffnet haben wir von 10:00 Uhr bis 17:00 Uhr. Rufen Sie einfach an, wenn Sie noch Fragen haben – wir freuen uns auf Sie.

(9) Freundliche Grüße nach Altona

Taghell GmbH

Bernd Vollmer

(10) **Anlagen**
Broschüre *Truelight*
Unser Kursangebot

(11) PS: Eine Einladung zu unserem Feng-Shui-Abend liegt bei. Haben Sie Lust?

„Karl Kraus“ oder „Herrn Karl Kraus“. Eventuelle Titel schreiben Sie natürlich mit, dafür können Sie auch zwei Zeilen verwenden, wie zum Beispiel:

Frau Professor
Dr. Ingrid Schmidt-Gleißner

- „Firma“ vor Firmenbezeichnungen wird weggelassen, wenn aufgrund des Namens und des Rechtsformkürzels bereits klar ist, dass es sich um eine Firma handelt.
- Normalweise gilt: erst der Firmenname, dann der Name Ihres Ansprechpartners.
- Wenn Sie jedoch wünschen, dass der Brief nur vom Adressaten persönlich geöffnet wird, dann gilt: erst der Name des Adressaten, dann der Firmenname. Wenn Sie doppelt sicher gehen wollen, lieber noch „Persönlich“ oder „Vertraulich“ als Zustellvermerk schreiben.
- Straßennamen werden ausgeschrieben, also nicht mit „-str.“ abgekürzt.
- Die Postleitzahl führt kein Länderkennzeichen mehr vorab. Auch nicht bei Auslandssendungen.
- Bei Auslandssendungen steht unter der Bestimmungsort-Zeile das Land in Großbuchstaben und auf Deutsch. Der Bestimmungsort selbst wird jedoch in der Sprache des Ziellandes geschrieben.
- Zwischen Straße und Bestimmungsort wird seit 2005 keine Leerzeile mehr gelassen.

3. Kommunikationsblock oder -balken

- Die Absenderangaben, Leitwörter und Bezugszeichen können stehen: in einem Block rechts oben, beginnend etwa in der Höhe der ersten Anschriftzeile (wie im Briefbeispiel), oder: in einem Balken über der Betreffzeile, etwa 10 cm vom oberen Blattrand entfernt.
- Wer kundenfreundlich sein will, verzichtet auf geheimnisvolle Angaben wie: „Unser Zeichen: qual2f5z“, und beschränkt sich auf die Angaben, die dem Empfänger nützen.
- Bei Telefonnummern erlaubt die DIN 5008 nur Funktionstrennungen durch ein Leerzeichen, also zwischen Vorwahl- und Durchwahlblöcken. Die Durchwahl darf mit einem Bindestrich getrennt werden. Die Stammnummer darf gefettet hervorgehoben werden. Internationalen Vorwahlen bitte ein + statt 00 voranstellen.

4. Datums- und Zeitangaben

- Für das Datum gelten drei Schreibweisen:
  4. September 2005 (alphanumerisch)
  2005-09-04 (absteigend numerisch)
  04. 09. 2005 (aufsteigend numerisch).
- Bei der alphanumerischen Schreibweise den Monat lieber nicht abkürzen.

- Jahresangaben dürfen zwei- oder vierstellig sein. Vierstellig setzt sich immer mehr durch und ist leserfreundlicher.
- Uhrzeiten werden zweistellig angegeben und durch Doppelpunkt getrennt: 09:45 Uhr, 23:56:01 Uhr.
  Wenn nur die Stunde angegeben wird, bleiben die einstelligen Stunden einstellig: 8 Uhr.

5. Betreffzeile

- Schon lange schreibt man vor dem Betreff nicht mehr „Betreff:"
- Man fettet die Betreffzeile.
- Zwischen dem Kommunikationsbalken (falls vorhanden) und der Betreffzeile lässt man zwei Leerzeilen Platz.
- Gibt es keinen Kommunikationsbalken, steht die Betreffzeile etwa 10 cm vom oberen Seitenrand entfernt.
- Nach der Betreffzeile lässt man zwei Leerzeilen Platz.

6. Anrede

- „Sehr geehrte …" ist immer noch Standard und beim Erstkontakt weiterhin zu empfehlen. Die „Guten-Tag"- und „Hallo"-Mode nervt mittlerweile viele. Die lockeren Anredeformen verwendet man lieber, wenn man sich etwas besser kennt.
- Üblich ist ein Komma am Schluss und dann geht es klein geschrieben weiter im Brieftext.
- Nach der Anredezeile lässt man eine Leerzeile Platz.

7. Brieftext

- Nach jedem Absatz lässt man eine Leerzeile Platz.

8. Aufzählungen und Summen

- Zwischen Aufzählungen lässt man oben und unten je eine Leerzeile Platz. Man kann sie zusätzlich einrücken und mehrspaltig gestalten, wie im Briefbeispiel.
- Summen kann man fetten und unterteilen, indem man den letzten Posten unterstreicht.

9. Gruß und Unterschrift

- Die Grußformel „Mit freundlichen Grüßen" kann variieren, wer einen verbindlicheren, munteren Eindruck hinterlassen will, etwa mit „Freundliche Grüße nach …" oder „Es grüßt Sie …"
  Nur „MfG" ist unhöflich und tabu.
- Zwischen Grußzeile und der Firmenbezeichnung lässt man eine Leerzeile frei.
- Nach der Firmenbezeichnung lässt man zwei oder drei Leerzeilen Platz für die handschriftliche Unterschrift. Dann wird der Name maschinenschriftlich wiederholt.
- Bei der Unterschrift und vor allem bei der maschinellen Namensnennung

wird auch der Vorname erwähnt. Das verhindert Verwechslungen und falsche Anreden.

10. Anlagenvermerk

- Der Anlagenvermerk kann unter dem Unterschriftsblock stehen oder – wie im Beispielbrief – rechts auf der Höhe der Grußzeile.
- Der Vermerk „Anlagen“ kann fett ausgezeichnet werden.

11. Das Postskriptum

- Im PC-Zeitalter setzt niemand mehr ein PS, weil er tatsächlich etwas vergessen hat. Angeblich gehört die PS-Zeile zu den ersten Dingen, die ein Leser im Brief wahrnimmt. Deshalb setzt man sie strategisch ein: für eine letzte Werbebotschaft, eine großzügige Geste oder für einen bislang unerwähnten Zusatznutzen.

6.5 Texte gestalten für digitale Medien

Die Pioniere der digitalen Medien hatten andere Prioritäten im Sinn als Lesefreundlichkeit. Da ging es zuerst einmal um Kompatibilität, Standardisierung und Reduktion auf die kleinstmögliche Datenmenge. Als diese Hindernisse überwunden und große Datenmengen im Netz kein Problem mehr waren, machte zwar die Entwicklung von Bild-, Film- und Musikformaten Riesenfortschritte, aber die Bildschirm-Leseformate blieben so ungemütlich wie immer.

Machen wir uns noch einmal die technischen Handicaps bewusst, die das Lesen am Bildschirm erschweren:

- **Unpassende Formate.** Das Format eines Bildschirmdokuments orientiert sich am Papier, also DIN-A4-Hochformat. Die PC-Bildschirme aber liefern seit jeher Querformat. Jahr für Jahr wachsen die Bildschirme, aber scrollen muss man – selbst für eine einzige Seite – noch immer.
- **Blend-Effekt.** Bildschirmweiß leuchtet durch die Bestrahlung von hinten greller als Papierweiß. Dieser Effekt zernagt dünne Schriften und belastet die Augen.
- **Unpassende Schriften.** Der Bildschirm bietet dem Leser eine Auflösung von 72 dpi, gedruckte Medien liefern hingegen bis zu 2400 dpi. Der Leser bekommt nur ein Dreißigstel der Buchstabenschärfe. Viele PC-Standardschriften sind für's Bildschirmlesen zu fein und strengen die Augen an.
- **Unzuverlässige Formatierung.** Was du siehst, ist nicht unbedingt das, was der Leser später sieht: Schriften, Schriftgrößen, Zeilenlängen, Sonderzeichen, Seitenränder und Farben können beim Empfänger stark von dem abweichen, was man eigentlich präsentieren wollte.

Wir warten noch immer auf eine Programmfunktion, die auf Buttonklick das Dokumentlayout für den Bildschirm optimiert, wir warten auf bessere Bildschirmschriften, auf lesefreundlichere E-Mail-Formate und auf eine Lesesoftware, die dem Komfort des Papierlesens nachspürt und ihn dann übertrifft. Bis all das kommt, müssen wir die Handicaps des Bildschirmlesens ausgleichen.

Was Sie auf dem Bildschirm lieber anders präsentieren als auf Papier, mag auf den ersten Blick fast pingelig erscheinen. Aber die folgenden Kleinigkeiten machen in der Summe einen deutlich besseren Eindruck:

- **Schrift.** Wegen der geringen Auflösung machen alle Schriften Probleme, die unterschiedliche oder feine Strichstärken besitzen. Das sind fast alle Serifenschriften. Gut lesbar hingegen sind Schriften mit einer einheitlichen, robusten Strichstärke, einer hohen x-Höhe, nicht zu schmalen, nicht zu breiten Buchstaben und mit ausreichend Abstand zwischen Buchstaben und Wörtern. Von den PC-Standardschriften sind das zum Beispiel: Arial, Verdana und Tahoma. Mittlerweile gibt es spezielle Monitorschriften, die sich auch noch in kleinen Schriftgrößen auf dem Monitor lesen lassen. Das Problem dabei: Wenn der Rechner Ihres Empfängers diese Schriften nicht besitzt, ersetzt er sie mit irgendeiner Standardschrift, außer Sie verwenden PDFs.
- **Schriftgröße.** Sie ist grundsätzlich etwa einen oder zwei Punkt größer als auf Papier. Den Fließtext mindestens auf 11 Punkt setzen. Nur wenige Schriften verkraftet der Leser mit 10 oder 9 Punkt. Alle Punktgrößen darunter eignen sich höchstens für kurze Anmerkungen oder Bildunterschriften.
- **Zeilenlänge.** Kann man so handhaben wie auf Papier – mindestens 35 und allerhöchstens 65 Zeichen.
- **Zeilenabstand.** Darf einen oder zwei Punkt größer sein als auf Papier, also in der Regel 14 oder 15 Punkt bei einer 11-Punkt-Schrift.
- **Hierarchien**, Absätze und Aufzählungen. Lassen Sie zwischen Überschriften, Absätzen und Aufzählungspunkten etwas mehr Abstand als auf Papier – vielleicht 2 bis 3 Punkt. Sie erhalten damit ein luftigeres Schriftbild, was das Auge entspannt. Vom Einrücken am Absatzanfang ist abzuraten, denn ein konstanter linker Rand schafft Ruhe.
- **Block- oder Flattersatz?** Genau wie auf Papier sieht Blocksatz auf dem Bildschirm zwar schöner aus, ist aber dort viel anstrengender zu lesen als auf Papier. Deshalb ist der Flattersatz eindeutig die bessere Wahl
- **Trennen und Umbrechen.** Worttrennungen lieber auf ein Minimum reduzieren, was beim Flattersatz nicht so schwer ist.

Kurzum: Digitale Texte sollten Sie großzügiger und markanter gestalten als Papiertexte. Sie vertragen etwas mehr Weißraum zwischen Zeichen, Zeilen und Absätzen. Und sie brauchen eine schnörkellose klare Schrift.

Text in digitalen Dokumenten präsentieren

Wenn Sie mit Ihrem Textverarbeitungsprogramm Dokumente erstellen und versenden, dann wissen Sie häufig nicht: Druckt der Leser es auf Papier oder scrollt er es am Bildschirm durch? In diesem Fall präsentieren Sie am besten ein Dokument, das beiden Zwecken genügt. Sie orientieren sich stärker an den Gestaltungstipps für digitale Dokumente – gestalten also großzügig und deutlich – und verwenden wie gewohnt das DIN-A4-Hochformat fürs problemlose Drucken. Der Preis für diesen Kompromiss: Die Präsentation auf Papier wirkt dadurch etwas grobschlächtiger, als sie sein müsste, und die Präsentation auf dem Bildschirm zwingt den Leser zum Scrollen.

Bei kurzen Texten und bei willigen Lesern ist dieser Kompromiss durchaus praktikabel. Doch Texte über zehn Seiten laufen damit Gefahr, mit zunehmender Unlust gelesen zu werden. Dann ist es besser, den Kompromiss aufzugeben und sich für eine Variante zu entscheiden:

- Sie gestalten ein optimales Dokument fürs Papier. Wenn Sie es digital versenden, weisen Sie Ihren Leser darauf hin: „Dieser Text hat XX Seiten. Am besten drucken Sie ihn aus."
- Sie gestalten ein Format für den Bildschirm und verlassen das DIN-A4-Hochformat.

Wenn Sie sich für die zweite Variante entscheiden, bietet sich das Querformat an. Der Bildschirm liegt schließlich quer – was liegt also näher, als sich diesem Format anzupassen? Der Vorteil für das Bildschirmlesen wäre enorm. Der Leser müsste nicht mehr scrollen oder mit dem Cursor umherwandern, sondern er könnte auf die nächste Seite springen. Das störende Wegschwimmen des Textes beim Seitenwechsel wäre abgeschafft. Stattdessen: Seite lesen. Klick. Nächste Seite lesen. Fast wie in einem Buch.

Auch wenn viele Querformate vorstellbar wären, genügt es bereits, das gute alte DIN A4 quer zu legen, denn es hat einige Vorteile:

- Es passt, auf 100 % gezoomt, auf die meisten Laptop-Bildschirme.
- Es ist groß genug für zwei bis drei Absätze pro Seite.
- Es ist groß genug für ein Layout mit einer Hauptspalte und einer schmaleren Randspalte für Zusatzelemente wie Marginalien, Bilder oder Grafiken.
- Es lässt sich immer noch problemlos ausdrucken.

Von zwei- oder mehrspaltigem Fließtext auf Querformat sollten Sie absehen. Stopfen Sie die Seite nicht voll, sondern gehen Sie großzügig mit dem Weißraum um. Digitale Präsentationsflächen kosten nichts.

Text in E-Mails präsentieren

Den Entwicklern der E-Mail ging es um Unabhängigkeit von der Plattform und die kleinstmögliche Datenmenge für den Versand. Ästhetik und Leserfreundlichkeit blieben dabei auf der Strecke, bis heute: Winzige Schriftgrößen, kaum Zeilenabstand, oft unkontrollierbare Zeilenlängen und vertauschte Sonderzeichen quälen die Augen. Dagegen können Sie ein paar Dinge tun:

- *Bleiben Sie beim Standard-Textformat.* Einige E-Mail-Programme bieten Ihnen als Alternative HTML und erweitertes HTML mit verbesserten Möglichkeiten zur Gestaltung an. Vergessen Sie's: Ihr Empfänger hat diese Option vielleicht nicht, dann bekommt er merkwürdige Sonderzeichen und Ihre Arbeit war umsonst. Außerdem bricht das Standard-Textformat die Zeilen automatisch und vernünftig um. Beim HTML-Format sind die Zeilen so lang wie das Fenster des Empfängers – also nicht von Ihnen bestimmbar.
- *Gehen Sie großzügig mit Leerzeilen um.* Schriftgröße, Zeilenabstand und Zei-

lenlänge können Sie nicht kontrollieren. Als einziges Gestaltungsmittel bleibt Ihnen das Setzen einer Leerzeile. Wenden Sie es mindestens ebenso häufig an wie in einem Brief, also nach der Anrede, nach jedem Absatz, nach der Grußformel. Lange Absätze in E-Mails machen schon beim ersten Hinsehen müde. Teilen Sie Ihre Absätze, wo es nur irgend geht.

- *Geizen Sie mit der Textmenge.* E-Mails eignen sich hervorragend zum Austausch von kurzen, unkomplizierten Sachverhalten. Am besten nur einen Sachverhalt pro E-Mail. Lange Episteln will auf diesem Medium niemand lesen.
- *Nutzen Sie Dateianhänge.* Haben Sie mehr zu sagen, dann stecken Sie den eigentlichen Text in den Anhang und machen Sie Ihren Leser in einem kurzen E-Mail-Text darauf aufmerksam und neugierig. Das ist leserfreundlicher und Sie verkaufen dabei Ihren Text geschickter als durch eine lange E-Mail. Weithin akzeptiert und lesbar sind PDFs als Format für angehängte Dokumente. Bei einem Datenvolumen von mehr als 1 MB muten Sie Ihrem Empfänger lange Ladezeiten zu, falls er ein Modem benutzt. In solchen Fällen klären Sie besser ab, welches Volumen Sie problemlos senden können.

E-Mails anständig schreiben

Weil E-Mails in ihrer Anfangszeit etwas Spielerisches hatten, verführen sie auch heute noch zur Lockerheit im Schreiben. Doch mittlerweile spricht sich herum: Schludrigkeit hat in E-Mails nichts mehr zu suchen. Im Berufs- und Geschäftsleben muss eine E-Mail die gleichen Standards erfüllen wie ein Geschäftsbrief. Unhöflich und unprofessionell sind deshalb:

- *durchgängige kleinschreibung.* machen sie e-mails nicht noch ungemütlicher, als sie schon sind. die korrekte groß- und kleinschreibung ist eine wichtige hilfe für die worterkennung und erleichtert das lesen. außerdem verwechseln sie dann nicht ständig sie und sie.
- DURCHGÄNGIGE GROSSSCHREIBUNG. IST TERROR FÜR DIE SINNE. SIE KOMMT ALS GEBRÜLL BEIM LESER AN UND VERWIRRT NACH WENIGEN ZEILEN DIE AUGEN. WER SO ETWAS TUT, OUTET SICH SOFORT ALS RÜPEL. NOCH FRAGEN?
- *Abkürzungen.* E-Mails sind keine SMS. So viel Zeit für vollständige Worte muss sein. Platz ist sowieso da.
- *Symbole und Emoticons.* Nur wenige haben alle drauf, ihr Witz ist schon lange verblichen und eine differenzierte Beschreibung der eigenen Gefühle bringt oft mehr.
- *Ein formloserer Ton als im Brief.* Wer ein junges Medium benutzt, will nicht zwangsläufig wie ein Teenager behandelt werden. Sofortiges Duzen, „Hallo Herr…!“ oder „Hi!“ sind zumindest im Anfangsstadium tabu. Später, nach ständiger, guter und intensiver Zusammenarbeit, schwingen Sie sich mit Ihrem Leser auf die Form ein, die Ihnen am besten dient.

7. Die Vielfalt des Schreiballtags managen

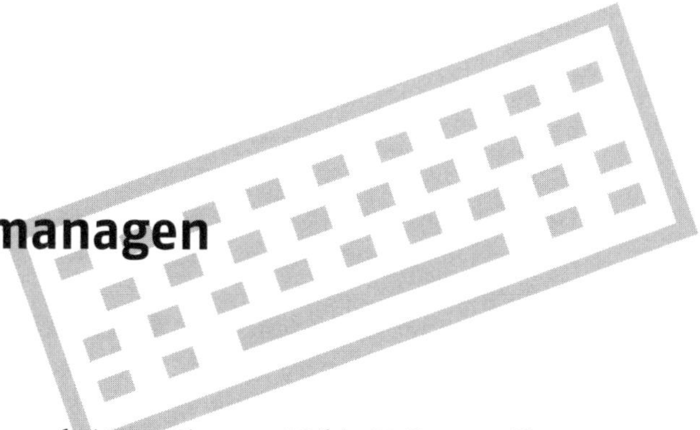

Wenn Sie in einem Büro arbeiten, verbringen Sie etwa 33 bis 50 Prozent Ihrer Arbeitszeit mit dem Lesen und Schreiben von Texten – eine ganze Menge also. Wie Sie Ihre täglichen Schreibaufgaben handhaben, hat einen wesentlichen Einfluss auf Ihre Zeit, Ihre Arbeitskraft und auf die Entwicklung Ihrer Projekte. Viele Menschen nehmen jedoch ihre Schreibaufgaben, wie sie kommen, und arbeiten sie nacheinander ab – mit wenig oder gar keinen Prioritäten. Das führt meistens zu folgenden frustrierenden Ergebnissen:

- Wir haben die Texte geschrieben, die für andere dringend oder wichtig waren, aber die Texte, die für uns wichtig oder dringend wären, blieben auf der Strecke. Das heißt: Wir haben nur reagiert und selbst nichts vorangetrieben.
- Wir sind ständig von Projekt zu Projekt, von Thema zu Thema gehüpft, je nachdem, was gerade anstand. Am Ende des Tages fühlen wir uns zerfleddert und erschöpft.
- Wir vernachlässigen die Schreibprojekte, die wirklich wichtig sind, aber etwas mehr Zeit und Überwindung brauchen.
- Es gelingt uns nicht, uns Freiraum zum Nachdenken und Neugestalten zu erkämpfen.

Hier finden Sie einige Strategien, wie Sie dem täglichen Ansturm an Schreibaufgaben effektiv begegnen und dabei Kraft und Zeit sparen. Beschäftigen wir uns zuerst mit dem größten Problem im vernetzten Berufsalltag: Was machen Sie mit den E-Mails, die ständig eintrudeln und wild durcheinander im Posteingangskorb liegen?

7.1 Die tägliche E-Mail-Flut kanalisieren

E-Mails haben einiges gemeinsam mit den Zettelchen damals im Klassenzimmer: mit winziger Schrift ein paar Zeilen hingeschmiert, zweimal gefaltet, den Namen der Freundin draufgeschrieben und dann abgefeuert. So ein Zettelchen zu erhalten war aufregend und es lenkte vom Unterricht ab.

Heute fliegen die Zettelchen um die ganze Welt: Wären sie sichtbar wie damals im Klassenzimmer, dann sähe unser Globus vom Weltall aus wie von einem Schneesturm verhüllt. Heute können wir die Zettelchen sogar noch magisch vervielfältigen: ein Schuss und Tausende erreicht! Geben wir's zu: Das interplanetarische, elektronische Zettelchenwerfen hat uns einmal wahnsinnig Spaß gemacht. Und genau aus dieser Zeit, als E-Mails noch aufregend waren, stammen die Gewohnheiten, die heute Stress verursachen: die Erwartung zum Beispiel, E-Mails müssten schnell oder gar sofort beantwortet werden. Oder die Annahme, alle Welt müsste Zeuge davon werden, was ich gerade mit wem verhandle. Oder der Irrglaube, per E-Mail könnten komplexe Informationen effektiv ausgetauscht werden.

Sie können die Menschen, die Ihren E-Mail-Korb füllen, nicht erziehen. Aber Sie selbst können mehr Distanz entwickeln und sich nicht von jedem umherfliegenden Zettelchen ablenken lassen. Hier ein paar Tipps, wie Sie die E-Mail-Flut in den Griff bekommen:

1. Machen Sie den Postkasten so selten auf, wie es Ihr Job erlaubt

Seit dem Aufkommen der elektronischen Kommunikationsmittel haben wir kollektiv eine neue Tugend geschmiedet: ständig erreichbar sein und möglichst sofort reagieren. Nur wenn wir das tun, so leiten wir ab, sind wir auch gut und wichtig. Jetzt ziehen Sie die Bremse und fragen sich: Mit welchen Reaktionszeiten komme ich zurecht? Reicht es, wenn ich mich jeden Morgen um die E-Mails kümmere? Oder je einmal morgens und nachmittags? Für den Rest der Zeit bleibt der Kasten zu. Das erfordert für den Anfang eine gewisse Kaltschnäuzigkeit. Aber verlassen Sie sich darauf: Wenn etwas wirklich dringend ist, klingelt sowieso das Telefon.

2. Lesen Sie CC-E-Mails nicht sofort

Viele E-Mails wenden sich eigentlich an jemand anderen und verlangen von Ihnen Kenntnisnahme. Meistens will man sich bei Ihnen absichern. Nehmen Sie auf keinen Fall Kenntnis davon, während Sie Ihre E-Mails bearbeiten. Entscheiden Sie lieber: Ist es wahrscheinlich, dass mich irgendwer auf mein Mitwissen festnagelt? Wenn nein: ab in den Papierkorb damit.

3. Legen Sie einen Ordner für „lauwarme" E-Mails an

Lauwarm sind all jene E-Mails, bei denen Sie nicht so richtig wissen, ob sie einmal wichtig werden. Dazu gehören alle CC-E-Mails, die Sie nicht in den Papierkorb werfen konnten. Oder Angebote, die Sie sich noch einmal überlegen wollen. Kurz: alles, was nur mit geringer Wahrscheinlichkeit einmal wichtig werden könnte. Sie lesen diese E-Mail nur dann, wenn sie wider Erwarten akut wird.

4. Formulieren Sie eine aussagekräftige Betreffzeile

Am besten erst das Hauptthema/Projekt, dann den Einzelaspekt der E-Mail:

Empfehlungsmarketing: Agenturen einbeziehen?
Schreibseminar: Im Haus oder im Hotel?
Neuordnung der Vertriebsstruktur – Bericht November 2005
Regionale Plakataktion: Kostenplan

Das hat zwei Vorteile: Ihr Empfänger kann den Sachverhalt leicht erkennen und einordnen und Sie bekommen in der Regel schneller, was Sie wollen. Vermeiden Sie nichtssagende Betreffzeilen wie:

Zur Info
Betr. Betr. AW von Tanja
Bitte
Wenns dir nichts ausmacht
Anfrage
Neuigkeiten
Kein Betreff

5. Antworten Sie in Ein-Zeilen-E-Mails

Die Effektivität von E-Mails nimmt ab, je länger ihr Text ist. Das liegt in der Natur des Mediums und an seinen beschränkten Layoutmöglichkeiten für Texte. Wenn man diese Tatsache akzeptiert und auf die Spitze treibt, dann sind Ein-Zeilen-E-Mails die effektivsten: Anrede, eine kräftige Zeile, ein freundlicher Gruß und fertig. Üben Sie sich in dieser Disziplin. Sie spart Ihnen Zeit und Ihren Empfängern auch.

6. Schreiben Sie nur über einen Sachverhalt pro E-Mail

Auch wenn sich nicht immer alles in Einzeiler verpacken lässt: Auf einen Sachverhalt pro E-Mail können sich Sie immer beschränken. Schreiben Sie lieber mehrere kurze E-Mails als eine lange. Das hilft Ihnen und Ihrem Adressaten: Sie können sich auf diese eine Sache konzentrieren und später auf die nächste. Im Posteingangskorb lässt sich jeder einzelne Sachverhalt durch eine aussagekräftige Betreffzeile leicht erkennen und wiederfinden.

7. Behandeln Sie schwierige oder längere E-Mails gesondert

E-Mails, die längeres Nachdenken erfordern, sollten Sie aus Ihrer Bearbeitungsroutine nehmen und in einen besonderen Ordner stecken. Diese E-Mails setzen Sie auf die Liste aller anderen Schreibprojekte, wie Briefe, Berichte, Protokolle, die besondere Aufmerksamkeit brauchen.

8. Geizen Sie mit CCs und BCCs

Halten Sie sich mit dem Versenden von Kopien zurück. Entscheiden Sie sich für den kleinstmöglichen Kreis von Mitlesern. Das verringert Verwirrungen und Rückfragen, also unnötige Arbeit. Außerdem: Wer ständig etwas von Ihnen lesen muss, was ihn nicht betrifft, hält Ihre Texte bald für langweilig, inflationär und belanglos. Das schadet Ihrem Ruf.

9. Tragen Sie keine Konflikte per E-Mail aus

Ist Ihnen ein Konflikt bekannt, der über E-Mails befriedigend gelöst werden konnte? Dieses Medium verführt zu Schnellschüssen und Intrigen, die letztendlich Zeit und Energie fressen. Im Konfliktfall stoppen Sie besser den E-Mail-Kontakt und greifen zum Telefon.

10. Klicken Sie nicht sofort auf SENDEN

Weil es so viele sind und weil man schnell reagieren möchte, reizt es sehr, eine eben geschriebene E-Mail sofort abzuschicken. Widerstehen Sie dieser Versuchung. Für berufliche und geschäftliche E-Mails gelten die gleichen Sorgfaltspflichten wie für jeden anderen Text. Speichern Sie lieber während Ihrer Antwortroutine jede E-Mail in den Entwürfe-Ordner. Wenn alle E-Mails geschrieben sind, öffnen Sie jede einzelne noch einmal. Sie werden staunen, was es noch alles zu verbessern gibt. Dann erst darf die Post abgehen.

7.2 Schreibprojekte kategorisieren und planen

Texte sind unterschiedlich anstrengend: Einige schreiben Sie mühelos nebenbei, andere fordern besondere Vorbereitung und Konzentration. Sie können den Überblick behalten und Ihre Ressourcen besser einsetzen, wenn Sie jedes eintreffende Schreibprojekt sofort einordnen und ihm den gebührenden Platz in Ihrem Schreiballtag zuweisen. Für das Einordnen helfen Ihnen drei Kategorien:

Kategorie 1: Die Leichtgewichte

Damit sind gemeint:
- Kurze Texte, weniger als eine Seite
- Einfache Sachverhalte, für die Sie genug Routine besitzen

Sie brauchen dafür:
- Nur wenige, höchstens 20 Minuten pro Text und minimale Konzentration
- Kaum Recherche, Ideensuche oder Gliederung
- Nur einen kurzen zweiten Blick für die Überarbeitung

Kategorie 2: Einmal-ran-Texte

Damit sind gemeint:
- Kurze Texte bis maximal drei Seiten
- Sachverhalte oder Themen, die einiges Nachdenken erfordern
- Texte, die Sie in einem Anlauf schaffen

Sie brauchen dafür:
- 40 – 120 Minuten Zeit und volle Konzentration
- Etwas Recherche, Ideensuche oder Gliederung

- Einige hilfreiche Schreibmethoden aus diesem Buch
- Etwas zeitliche Distanz zwischen Rohtext und Überarbeitung

Kategorie 3: Öfter-ran-Texte

Damit sind gemeint:
- Längere Texte, die Sie nur in Etappen schaffen
- Wichtige Kurztexte, die mehrmals überarbeitet werden müssen (zum Beispiel Werbebriefe oder Drucksachen)

Sie brauchen dafür:
- Regelmäßige feste Schreibtermine mit voller Konzentration
- Methodisches Arbeiten in fast allen Stadien des Schreibprozesses
- Mehrere hilfreiche Schreibmethoden aus diesem Buch

Wie Sie mit den Kategorien planen

Die Leichtgewichte können Sie flexibel in Ihren Arbeitstag einbauen oder viele davon hintereinander wegschreiben. Sie verkraften Störungen, schließlich dauert es nicht allzu lange, bis Sie nach einer Störung den Faden wiederfinden. Unter diese Kategorie fallen auch jene E-Mails, die Sie kurz und ohne Vorbereitung beantworten können. Leichtgewichte brauchen nicht unbedingt einen festen Termin und eignen sich gut als Lückenfüller.

Einmal-ran-Texte schreiben sich am besten in einem Anlauf, mindestens bis zum Rohtext. Würde man die Arbeit in mehrere Schreibtermine aufteilen, bräuchte man unverhältnismäßig länger dafür und schleppte dabei noch die Last des Unvollendeten mit sich herum, was nicht so effektiv wäre. In der Regel brauchen Sie für Einmal-ran-Texte 40 – 80 Minuten, bis der Rohtext steht. Zu dieser Kategorie gehören fast alle schwierigeren Briefe, Protokolle, längere Memos, Mini-Berichte und alle E-Mails, die Sie gesondert bearbeiten wollten. Die Arbeit an Einmal-ran-Texten ist sehr intensiv. Deshalb müssen Sie eine feste Zeit in Ihrem Terminkalender blocken, am besten eine, in der Sie möglichst ungestört sind und danach den Schreibtisch zum Luftholen verlassen können, zum Beispiel vor der Mittags- oder Kaffeepause oder vor Feierabend. Einmal-ran-Texte kann man nach einer kurzen Pause überarbeiten oder nach einer längeren, wenn die Zeit noch reicht. Wichtig für die Effektivität ist, in einem Schwung den Rohtext fertig zu bekommen, denn dann ist der Kopf wieder frei und der Chef im eigenen Innern beruhigt.

Öfter-ran-Texte brauchen ebenfalls feste Blocktermine, doch diese können kürzer sein: 30 – 60 Minuten sind das effektive Maß. Kürzere Zeiten lohnen sich nicht, weil Sie mindestens 5 Minuten fürs Reinkommen brauchen. Längere Zeiten laugen meistens zu stark aus – Sie brauchen Ihre Energie ja noch für andere Aufgaben. Wie viele Schreibtermine pro Woche Sie planen, hängt natürlich vom Abgabetermin ab. Ist dieser noch in weiter Ferne, sind trotzdem mindestens drei Termine pro Woche ratsam, um den Schwung zu halten. Am effektivsten arbeiten Sie bis zum *Rohtext*-Stadium an nur *einem* Öfter-ran-Text statt an mehreren gleichzeitig. Dann haben Sie eine feste Priorität, Ihr Unbewusstes ist besser eingestimmt und Ihr Projekt wird schneller fertig. Sollte ein noch dringenderer Öfter-ran-Text dazwischen kommen und das momentane Projekt erst einmal liegen bleiben, dann machen Sie am besten den dringenden Text bis zum *Rohtext*-Stadium fertig und nehmen sich dann erst den liegen gebliebenen Text wieder vor. In allen Fällen rentieren sich bei den Öfter-ran-Texten die in diesem Buch empfohlenen Vorbereitungen und eine ausgearbeitete Struktur. Damit können Sie leichter umschalten vom Trubel, der zuvor geherrscht haben mag, und sich schneller auf Ihr Schreibprojekt konzentrieren.

Wenn Sie Ihre Schreibprojekte in diese drei Kategorien einteilen und entsprechend planen, dann behalten Sie den Überblick und alle Projekte haben den richtigen Platz im Alltagsgeschäft: Sie können die leichten Texte ohne größere Vorbereitung am Stück oder in den Lücken schreiben, schwierige Texte erhalten gebührende Aufmerksamkeit und längere Texte bleiben nicht wochenlang liegen.

Wie Sie mit Störungen umgehen

Wann lohnt es sich, die Tür zu verriegeln und den Anrufbeantworter auf stumm zu schalten? Störungen beim Schreiben sind mal mehr, mal weniger störend, je nachdem, welchen Text Sie vor sich haben und in welchem Arbeitsstadium Sie sich befinden. Erfahrungsgemäß sieht Ihr Anspannungsniveau beim Schreiben etwa so aus:

Anspannung	Leichtgewicht	Einmal-ran-Text	Öfter-ran-Text
Stadium 1: Schreibprojekt einschätzen	Niedrig	Hoch	Niedrig
Stadium 2: Material sammeln	Niedrig	Hoch	Niedrig
Stadium 3: Struktur schaffen	Niedrig	Hoch	Hoch
Stadium 4: Rohtext schreiben	Niedrig	Hoch	Hoch
Stadium 5: Text überarbeiten	Niedrig	Niedrig	Niedrig
Stadium 6: Text korrigieren	Niedrig	Niedrig	Niedrig

Leichtgewichte dauern nicht lange, Sie wissen in jedem Moment, was Sie schreiben wollen, deshalb können Sie auch jederzeit den Faden leicht wieder aufnehmen.

Einmal-ran-Texte möchten Sie gern in voller Konzentration bis zum *Rohtext*-Stadium bringen, in dieser Zeit wäre Ungestörtsein wünschenswert.

Öfter-ran-Texte schreiben Sie mit längerem Atem. Aus dem Rohtext-Schreiben sollten Sie sich, wenn möglich, nicht herausreißen lassen.

Es genügt, wenn Sie für die Hochphasen Vorkehrungen treffen, um Störungen zu vermeiden. Das Mindeste, was Sie tun sollten, wäre, den Anrufbeantworter auf stumm zu schalten und das E-Mail-Programm wegzuklicken. Wenn Sie trotz Ihrer Vorkehrungen jemand stört, hier drei Tipps:

- Notieren Sie sofort alle Termine, Aktionen und Ideen, die Ihnen nach der Störung einfallen. So wird Ihr Kopf schnell wieder frei für Ihr Schreibprojekt.
- Stehen Sie auf jeden Fall auf und gehen Sie ein paar Schritte. So kriegen Sie die Störung schneller wieder los. Noch besser: Gehen Sie für eine Minute an die frische Luft.
- Bevor Sie Ihr Schreibprojekt wieder in Angriff nehmen wollen: Tun Sie zwei Minuten lang gar nichts, sondern betrachten Sie ganz ruhig das, woran Sie zuletzt gearbeitet haben. Damit beruhigen Sie Ihren Chef, der sich über die Unterbrechung aufregt, und locken Ihren Wilden wieder an den Tisch, der inzwischen irgendwohin geflohen ist.

7.3 Schreiballtag managen – das Wichtigste auf einen Blick

1. Öffnen Sie Ihren E-Mail-Postkasten so selten wie Sie können.
2. Löschen Sie uninteressante E-Mails sofort.
3. Stecken Sie „lauwarme“ E-Mails ungelesen in einen Sonderordner.
4. Nehmen Sie schwierige E-Mails aus Ihrer Antwortroutine und behandeln Sie diese als Einmal-ran-Texte.
5. Je kürzer die E-Mail, desto effektiver. Am besten sind Einzeiler. Behandeln Sie nur einen Sachverhalt pro E-Mail.
6. Gönnen Sie jeder E-Mail einen zweiten Blick zum Überarbeiten.
7. Ordnen Sie jedes Schreibprojekt der folgenden Kategorie zu: Leichtgewicht, Einmal-ran- und Öfter-ran-Text.
8. Blocken Sie einen festen Termin für einen Einmal-ran-Text und bringen Sie ihn in einem Schwung bis zum Rohtext-Stadium.
9. Buchen Sie regelmäßige Schreibzeiten von 30 – 60 Minuten für einen Öfter-ran-Text. Arbeiten Sie bis zum Rohtext-Stadium an nur einem Öfter-ran-Text zur selben Zeit.
10. Nach unvermeidbaren Störungen: die Störung „wegnotieren“, durchatmen und das Wiederloslegen bewusst um zwei Minuten verzögern.

Literatur

Schreiben allgemein

Bradbury, Ray: *Zen in der Kunst des Schreibens.* Berlin 2002.

Fröchling, Anke: *Schreibcoaching.* Aachen 2002.

Perrin, Daniel / Rosenberger, Nicole: *Schreiben im Beruf.* Berlin 2005.

Zinsser, William: *Schreiben wie ein Schriftsteller.* Berlin 1998.

Schreibblockaden

Flaherty, Alice W.: *Die Mitternachtskrankheit.* Berlin 2004.

von Werder, Lutz: *Schreib- und Poesietherapie.* Weinheim 1995.

von Werder, Lutz / Schulte-Steinicke, Barbara / Schulte, Brigitte: *Weg mit Schreibstörung und Lesestress.* Hohengehren 2001.

Kreative Schreibtechniken

Buzan, Tony / North, Vanda: *Business Mind Mapping.* Wien 2002.

Cameron, Julia: *Von der Kunst des Schreibens.* München 2003.

Kirckhoff, Mogens: *Mind Mapping.* Offenbach 1997.

Noack, Karsten: *Kreativitätstechniken.* Berlin 2005.

Rico, Gabriele L.: *Garantiert schreiben lernen.* Reinbek bei Hamburg 2004.

vom Scheidt, Jürgen: *Kreatives Schreiben.* München 2006.

von Werder, Lutz: *Erfolg im Beruf durch kreatives Schreiben.* Milow 1995.

Allgemeine Stilistik

Fricke, Georg: *Guter Stil leicht gemacht.* Berlin 2001.

Langer, Inghard / Schulz von Thun, Friedemann / Tausch, Reinhard: *Sich verständlich ausdrücken.* München 2002.

Rauter, E. A.: *Die neue Schule des Schreibens.* Düsseldorf 1996.

Reiners, Ludwig: *Stilfibel.* München 2005.

Schneider, Wolf: *Deutsch für Profis.* München 1999.

Schneider, Wolf: *Deutsch!* Reinbek bei Hamburg 2005.

Schreiben für Marketing, Verkauf und Kundenservice

Gmeiner, Alois: *Das Low-Budget-Werbe-1 × 1 für Selbstständige und Unternehmer.* München 2002.

Gottschling, Stefan: *Stark texten, mehr verkaufen.* Wiesbaden 2003.

Haeske, Udo: *Beschwerden und Reklamationen managen.* Weinheim 2001.

Haeske, Udo: *Kommunikation mit Kunden.* Berlin. 2004.

Kracht, Wolfgang Max: *„Alles, was einfach ist, ist gut." – Erfolgreiche Werbebriefe selber texten.* Hamburg 2003.

Manekeller, Wolfgang: *Werbebriefe gut gestalten.* Hamburg 2002.

Pietzcker, Dominik: *Werbung texten.* Berlin 2003.

Schreiben in der Öffentlichkeitsarbeit

Fröhlich, Karl / Lovric, Daniela: *Public Relations.* Berlin 2004.

Weichler, Kurt / Endrös, Stefan: *Die Kundenzeitschrift.* Konstanz 2005.

Interne Unternehmenskommunikation

Herbst, Dieter: *Interne Kommunikation.* Berlin 2003.

Viedebantt, Klaus: *Mitarbeiterzeitschriften.* Frankfurt/M. 2005.

Sprache als Bestandteil der Corporate Identity

Förster, Hans-Peter: *Corporate Wording.* Frankfurt/M. 2003.
Reins, Armin: *Corporate Language.* Mainz 2006.

Schreiben für das Internet

Blaß, Bettina/Teufel, Stefanie: *Texte schreiben fürs Web.* München 2003.
Grede, Andreas: *Texten für das Web.* München 2003.

E-Mails

Flynn, Nancy/Flynn, Tom: *Professionelle E-Mails.* Wien 1999.
Förster, Hans-Peter: *Der E-Mail-Kompass.* Frankfurt/M. 1999.

Geschäftskorrespondenz

Berger, Peter: *Flotte Schreiben vom Amt.* Köln 2004.
Förster, Hans-Peter: *Professionell Briefe schreiben.* Frankfurt/M. 2001.
Manekeller, Wolfgang: *Stilistik der Geschäftskorrespondenz.* München 1998.
Neumann, Jörg/Herrmann, Sven: *Formulieren ohne Floskeln.* München 2002.
Reinert-Schneider, Gabriele: *Geschäfts-Korrespondenz heute.* Niedernhausen 2001.

Spezifische Textsorten

Cerwinka, Gabriele/Schranz, Gabriele: *Protokollführung leicht gemacht.* München 2006.
Jonas, Renate: *Effiziente Protokolle und Berichte.* Renningen 2004.
Piwinger, Manfred (Hrsg.): *Ausgezeichnete Geschäftsberichte.* Frankfurt/M. 2003.

Interkultureller Schriftverkehr

Emmerson, Paul: *email English.* Oxford 2004.
McCredie, Brian: *Stolpersteine Business English.* Berlin 2005.
Nitzsche, Isabel: *Business-Spielregeln rund um den Globus.* Nürnberg 2005.
Schroll-Machl, Sylvia: *Doing Business with Germans.* Göttingen 2003.
Trompenaars, Fons/Woolliams, Peter: *Business weltweit.* Hamburg 2004.
Truss, Lynne: *Hier steht was alle suchen – Englische und deutsche Zeichensetzung.* Berlin 2005.
Twain, Mark: *Die schreckliche deutsche Sprache.* Löhrbach 1994.
de Vries, Mary A.: *Internationally Yours.* Boston 1994.

Typografie, Briefgestaltung & Grafik-Design

Fiell, Charlotte/Fiell, Peter: *Graphic Design Now.* Köln 2005.
Khazaeli, Cyrus Dominik: *Crashkurs Typo und Layout.* Reinbek bei Hamburg 2005.
Neutzling, Ulli: *Typo und Layout im Web.* Reinbek bei Hamburg 2002.
Sahlender, Manfred: *Briefe nach Norm – DIN 5008 NEU.* Stamsried 2005.
Willberg, Hans-Peter: *Wegweiser Schrift.* Mainz 2001.
Willberg, Hans-Peter/Fossmann, Friedrich: *Erste Hilfe in Typografie.* Mainz 2003.

Dank

Mein herzlicher Dank gilt allen, die zu diesem Buch mit ihrer Expertise beigetragen haben, und ganz besonders: Daisaku Ikeda, Lawrence Davies, Prof. Dr. Max Deeg, Per Döhler, Dr. Thea Döhler, Tania Engelke, Katrin Engelmann, David Erban, Anke Fröchling, Matthias Fuchs, Bettina Habermann, Marco Heuer, Doris Jäger, Birgit Koller, Carl Koß, Brigitte Leeser, Ilse Arnauld des Lions, Rossella Martini, Kurt Neubauer, Dr. Dirk Palm, Dr. Heike Pfitzner, Caroline Privat, Karmele Rodriguez, Iwona Slavik, Jasmine Stern und Tetsuya Suganuma.

Business Writing ist in Deutschland ein recht junges Weiterbildungsthema, deshalb frage ich Sie: Was hat Ihnen gut gefallen? Was würden Sie anders machen? Was haben Sie vermisst? Jeder Ihrer Kommentare gibt meinem Thema Fülle und Richtung.

Vielen Dank für die Aufmerksamkeit, die Sie diesem Buch gewidmet haben. Ich freue mich auf Ihre Mail.

Armin Jäger, April 2007
jaeger@schreibschwung.de

Weitere Informationen über Armin Jäger und SchreibSchwung:
www.schreibschwung.de